JN099542

サービス
エクセレンス
規格の解説と
実践ポイント

ISO 23592（JIS Y 23592）：2021／
ISO/TS 24082（JIS Y 24082）：2021

ISO/TC 312 サービスエクセレンス
国内審議委員会 監修

水流聡子・原 辰徳・安井清一 著

日本規格協会

ISO/TC 312（サービスエクセレンス）国内審議委員会

委員長	水流　聡子	東京大学 特任教授
副委員長	新井　民夫	技術研究組合国際廃炉研究開発機構
副委員長	椿　　広計	統計数理研究所
顧　問	土居　範久	慶応義塾大学 名誉教授
委　員	持丸　正明	国立研究開発法人産業技術総合研究所
	松浦　　峻	慶應義塾大学 准教授
	原　　辰徳	東京大学 特任准教授
	安井　清一	東京理科大学 准教授
	矢作　尚久	慶応義塾大学大学院 准教授
	細野　　繁	東京工科大学 准教授
	浅羽登志也	ガイアラボ合同会社
	大河原克彬	ヤマト運輸株式会社
	金丸　淳子	公益財団法人共用品推進機構
	馬場　健次	株式会社堀場テクノサービス
	関根　一志	常磐興産株式会社
	竹田　一雄	若竹大寿会
	新倉　健一	前田建設工業株式会社
	野沢　　清	サービス産業生産性協議会
	松本　恒雄	一橋大学 名誉教授 独立行政法人国民生活センター 顧問
	福永　敬一	日本規格協会ソリューションズ株式会社
関係者	前田　博昭	経済産業省
	青木　三紘	経済産業省
	渋谷　行秀	おもてなし規格認証機構
	秋田　恵菜	経済産業省
	赤井澤　潤	日本規格協会ソリューションズ株式会社
	嶋本　佳晃	日本規格協会ソリューションズ株式会社
	小越　菜恵	日本規格協会ソリューションズ株式会社
事務局	末安いづみ	一般財団法人日本規格協会
	渡辺　陽子	一般財団法人日本規格協会
	遠藤　智之	一般財団法人日本規格協会
	森田　晴香	一般財団法人日本規格協会
	小林　美桜	一般財団法人日本規格協会

（敬称略，順不同）

まえがき

今日のように競争の激しい世界では，顧客自身も絶えず進化し，成長を続けているため，顧客の期待は変化し続ける．組織は，これまでの顧客満足の向上とは異なる，卓越した顧客体験を実現し，卓越した顧客体験の創出を可能にする組織能力を獲得する必要がある．

サービスエクセレンスは，卓越した顧客体験の創出に対応する，サービス提供組織の卓越性である．欧州では 2010 年代に，このサービス提供組織の卓越性を“組織能力”として捉えたサービスエクセレンスの認知が産業界で大きく進み，様々な規格化がなされていった．2011 年にドイツで DIN SPEC 77224 が発行され，2015 年には欧州規格として CEN/TS 16880 が発行された．

2010 年代のドイツでは，DIN SPEC 77224 により，経済・学術・政治におけるサービスエクセレンスに関する議論を活性化させる最初の試みが行われた．DIN SPEC の開発者は，Matthias Gouthier　EBS ビジネススクール教授，Andreas Giese　EBS ビジネススクール教授，Christopher Bartl　EBS ビジネススクール教授であり，作業部会メンバーは多数の企業又は機関の代表者となっている（所属は当時）．多数の企業と当該研究のアカデミアが共同して挑戦した事業といえる．彼らは，この仕様書が「最終的結論」であるとはまったく考えておらず，単にサービスエクセレンスに対する積極的な取組みの最初のきっかけに過ぎないとしている．ドイツはこの信念を貫き，サービスエクセレンスという組織能力に関する国際規格開発を先導してきたといえる．

他方，2010 年には日本のアカデミアもサービスの科学化のための組織的研究活動を JST RISTEX の中に開始していた（問題解決型サービス科学研究開発プログラム）．プログラムオフィサーである土居範久氏を筆頭にアドバイザー 14 名からなる，日本初のサービス科学を創り上げるためのプログラムであった．当該プログラムに関与したアドバイザーと応募研究採択グループらは，現在のサービスの科学化，サービスの標準化，サービスの表彰，などの活動に深く関与し，貢献されている．

2010 年～2014 年にかけて，日本品質管理学会・サービス学会・日本規格協会は，それぞれの組織ごとに，サービスに関係する活動を行っていたが，2015 年 12 月 22 日に 3 者（日本品質管理学会長：椿広計氏，サービス学会長：新井民夫氏，日本規格協会理事長：揖斐敏夫氏）が JST ビルに集い，サービス標準化のための共同体制の可能性に関する意見交換を開始した．そこでの議論や諸活動が，日本が主導するエクセレントサービスの設計に関する国際規格開発に進化・深化したといえる．その日から開始された国内での産官学を巻き込んだ様々な組織化活動は，新しいサービス概念の必要性を強く認識していた，

積水化学工業株式会社の大久保尚武会長（元）

前田建設工業株式会社の小原好一会長（元）

日本経済団体連合会の根本勝則専務理事

のご支援があって実現できた．

本書において，第 1 章ではなぜサービスエクセレンスという考え方を知る必要があるか，そのための導入と総論が述べられている．第 2 章ではサービスエクセレンス規格ができあがるまでの経緯と JIS Y 23592 と JIS Y 24082 の双方に共通する重要概念が解説されている．第 3 章では JIS Y 23592 の逐条解説が，第 4 章には JIS Y 24082 の逐条解説が準備されている．そして第 5 章では，事例とよくある質問が掲載されている．

本書にある国際規格開発の中で，WG 2 主査の水流を強力にサポートしていただき，開発作業を粘り強く，真摯に持続してくださった，プロジェクトリーダーの原辰徳氏と，事務局（JSA）の遠藤智之氏，森田晴香氏，エキスパートの安井清一氏を心から称賛したい．また，他のエキスパートメンバーの先生方（椿広計氏，持丸正明氏，松浦峻氏，矢作尚久氏），国内調整にご尽力をいただいた事務局（JSA）の末安いづみ氏，渡辺陽子氏，小林美桜氏，サービス標準化のための国内・国際活動で若手が活躍できるように多様な組織との関係性を構築し，支えていただいた日本規格協会の揖斐敏夫理事長（元），朝日弘理事

長，加藤芳幸氏，若井博雄氏，ISO/TC 312（サービスエクセレンス）国内審議委員会委員のみなさま，JSQC 生産革新部会とサービスエクセレンス部会コアメンバーのみなさまのご支援のおかげで，国際規格開発とその利活用をリードできる若手人財活躍の場が育ってきた．

サービスエクセレンスに取り組むことは，製造業においても極めて重要である．成熟した先進国として，追随を許さない卓越した顧客体験をもたらす製品サービスシステムを提供できる組織となるために，ぜひ本書を活用していただきたい．

多くの関係者の関与によって，この解説書の発行が可能となった．国際規格開発における若手の育成も主要な目的であった．みなで創り上げてきた国際規格であり，その活用を支援する解説書である．関係者のみなさまのご努力，ご協力に心から感謝したい．

2022 年 1 月

水流　聡子
東京大学　特任教授

総括プロジェクト機構
「Quality と Health を基盤におくサービス
エクセレンス社会システム工学」総括寄付講座
大学院工学系研究科 人工物工学研究センター

目　　次

第 3 章　JIS Y 23592 の逐条解説　*47*

第 4 章　JIS Y 24082 の逐条解説　*113*

第1章　導入・総論

1.1　サービスエクセレンスとは

サービスエクセレンスは，“卓越した顧客体験”の創出を可能にするアプローチである．今日のように競争の激しい世界では，顧客自身も絶えず進化し，成長を続けているため，顧客の期待は変化し続ける．これまでの顧客満足の向上とは異なる，卓越した顧客体験を実現し，顧客のポジティブな感情を引き出すことは，競合他社との差別化につながる．ポジティブな感情は，顧客の愛着度を高め，ファンを育て，リピートや他者への推奨の安定的な獲得につながる．

(1)　成熟した先進国が取るべき行動としてのサービスエクセレンス

サービスエクセレンスは，卓越した顧客体験の創出に対応する，サービス提供組織の卓越性である．欧州では2010年代に，このサービス提供組織の卓越性を“組織能力”として捉えたサービスエクセレンスの認知が産業界で大きく進み，様々な規格化がなされていった．ドイツでは2011年にDIN SPEC 77224が発行され，2015年には，欧州規格としてCEN/TS 16880が発行された．

組織能力としてのサービスエクセレンスとは，“それぞれの顧客が大切にされていると感じられる個別の優れたサービスの提供”と“期待を超えた体験によって顧客が驚き・喜び・感動を感じられる優れたサービスの提供”という二つのレベルの活動を持続できる組織能力であり，顧客満足を実現する基盤[*1]

[*1] 従来からある「顧客の要求を充足して顧客満足をもたらすコアとなるサービスの提供」と「顧客からのフィードバックをマネジメントして顧客満足をもたらす諸活動」など

の上に形成される．この欧州における「サービスエクセレンス＝組織能力」を獲得するという方向性は，成熟した先進国として取るべき行動であり，生き残るための変化の手段である．

例えば日本はどうであろうか．サービスのグローバル展開が容易となった昨今では，労働力コストが低い国との価格勝負では日本は勝てない．次なる先進国となるべく追いかけてくる国々が模倣できない，他の追随をゆるさないサービスを常に生み出していく力が重要となっている．ここでのサービスには，“高度なものづくりとサービスとを一体化した仕組み”や“少子高齢化・人口減少・自然災害など日本が抱える先進課題を克服するための社会システム”も含まれる．

成熟した先進国となり，サービスの国際競争力を強化しながら日本の国力を維持していくことは，今の日本に求められているチャレンジであり，サービスエクセレンスはこのような変化に向かっていくための指針になり得る．

(2) 顧客からの信頼と積極的な参加による価値の共創

昨今は，金銭的・非金銭的な利益による組織の成功だけでなく，価値を共創する従業員と顧客双方の幸せ度の向上も要請される時代である．顧客中心の実現に加えて，テクノロジーの活用による圧倒的な効率化，従業員の働きがいの向上，及びより強い顧客関与による新しい価値の創造が求められている．

顧客関与に関連して，“信頼”という感情は事業の成功にとって重要である．“信頼できる顧客の存在”と“顧客からの信頼”は相互作用をもたらし，新たな価値創造に向けた効率的な活動につながりやすい．顧客からの信頼に基づいた積極的な従業員の参加によって，顧客は共感を覚える．それが次には顧客の積極的な参加を促し，共創をもたらす環境が広がっていく．この共創環境によって，新たな顧客価値の創造の可能性が高まり，事業の成功確率を高める．

(3) サービスエクセレンスの国際標準化のポイント

欧州では，DIN SPEC 77224 や CEN/TS 16880 が産業界でどう活用されてきたのか．本書の第 5 章において幾つかの事例を紹介するが，その中でもよく取り上げられるのがドイツの金融サービス会社 TeamBank である．

TeamBank は，DIN SPEC 77224 をモデルとして組織の変革に成功した．彼らはサービスエクセレンスとカスタマーデライトが長期的なビジネスの成功にとって最も重要な指標であることを強調し，また「サービスエクセレンスによって，デジタルの未来と今後の競争の課題に向けて，よい出発点に立つことができた．」とも述べている．

今回，ドイツからの提案でサービスエクセレンスに関する国際標準を開発する専門委員会 ISO/TC 312 “Excellence in Service” が設置された（2017 年）．そして 2021 年 6 月に，組織能力を扱う規格（ISO 23592）と組織能力の中でも設計活動を扱う規格（ISO/TS 24082）が発行された．

本書は，両規格を基として 2021 年 11 月に制定された JIS の解説書である．本章では，これらの ISO 規格と JIS をまとめて “サービスエクセレンス規格” と呼ぶ．

今回の国際標準化の動きにおいて重要なことが三つある．

一つ目は，先ほどの TeamBank のような成功事例を支援するため，CEN/TS 16880 でのサービスエクセレンスのモデルと活動をより洗練させ，ISO 23592 という国際的な合意に至ったということである．ISO 23592 は，ドイツが主査を務める委員会（WG 1）が開発し，後述する “サービスエクセレンスモデル” に沿って構成されている．ISO 23592 はマネジメントシステム規格ではないことに，注意が必要である．

二つ目は，先ほどの “顧客からの信頼と積極的な参加による価値の共創” を新たに盛り込んだ規格を開発したことである．それが ISO/TS 24082 であり，日本が主査を務める委員会（WG 2）が開発した．本規格は，優れたサービスを設計するために組み込まれるべき設計活動（すなわち，“エクセレントサービスのための設計活動” であり，詳細は後述する．）を軸に構成される．

三つ目は，様々なデータ蓄積と分析が可能にした顧客ロイヤルティ（愛着度，忠誠度）という重要業績評価指標の先行普及に対して，その測定・評価に留まらず，多面的な組織の取組みと連結させ，深層にある組織能力を高めていく努力が欠かせないというメッセージを示したことにある．例えば，ドイツのエネルギーサービス会社 E.ON では，複数種類の NPS®（Net Promoter Score）を用いた顧客体験マネジメントと全社戦略への反映に以前より取り組んでいるが，彼らも組織能力としてのサービスエクセレンスに賛同し，ISO/TC 312 に参加し，新たな規格開発において中心的役割を担っている．

(4)　切磋琢磨し，よいものがきちんと評価される仕組みとしての国際標準

近年，ISO や JIS での標準化の対象は，サービス，そしてスマートシティ，シェアリングエコノミーといった社会システムにも拡大してきている．ルール形成を通じた市場開拓・拡大やイノベーションの成果を社会実装する上で，標準化を戦略的に推進することの重要性が増している．

とはいえ，サービス分野の標準をつくることに「それは個々の企業が独自の競争力を維持するためのもの」「顧客ごとにその都度対応するしかない.」「品質を追求し過ぎるとコストが高くなってしまう.」などの理由から，疑問に感じる読者もいることであろう．

今回のサービスエクセレンス規格は，サービスの多様性や競争力を阻害するものではない．皆で合意した共通理解と目標を基に，各組織でサービスを磨き上げていくものである．ISO/TC 312 エキスパートの一人である持丸正明氏（国立研究開発法人産業技術総合研究所）の言葉を借りれば[*2]，健全な市場を形成するための“基盤標準”ではなく，その基盤標準をクリアし，健全な市場に参加した事業者を評価する“尺度標準”である．

ものづくりと同様に，高品質で良いサービスの市場とそのシェアを日本企業が確保しようとするならば，それが認められ，評価される文化土壌をつくって

---

*2　月刊アイソス連載記事，持丸正明氏「サービス標準化世界の現状と日本の課題（第4回 SDGs を指向するサービスの尺度標準)」(https://www.isosms.info/page/85)

いかなければならない．国際的な合意の基に成立した今回のサービスエクセレンス規格を戦略的に活用することで，国内外を問わず，顧客に認められるサービスを提供し続ける仕組みの構築と，ビジネスパートナーとして顧客から信頼をいち早く獲得することにつなげることが可能である．

(5)　製造業にとっても重要なサービスエクセレンス

サービスエクセレンス規格は対人サービスに限らずサービス全般を対象としており，サービスエクセレンスに取り組むことは，製造業においても極めて重要である．日本のものづくりでは，ISO 9001 の活用・認証取得などによって質中心の経営管理・TQM が展開され，高品質なものづくりとともに高度経済成長を続けた．しかしながら，“サービス”という概念を基に顧客の価値を創造すること，あるいは製品だけでなくサービスも一体化した仕組み（製品サービスシステム）の輸出は得意とはいえず，先進国としての経済力が相対的に低くなってきているように感じる．

製造業のサービス化は古くから謳われてきたことであるが，本当に実現したいのであれば，提供物の革新だけでなく，組織文化や組織能力の転換が伴わなければならず，サービスエクセレンス規格は，その一助となるものである．

ただしこの規格は“製品を起点とした内容”ではなく，“顧客を起点とした内容”が大半である．そのため，最初は規格内容を理解しづらいかもしれないが，第 2 章では，あらかじめ理解しておくとよいと思われる用語・概念モデル・考え方を解説している．ぜひ有効に活用し，じっくりと向き合ってもらいたい．

1.2　サービスエクセレンスをどうとらえるか

(1)　サービスエクセレンスモデル：組織能力に関する多面的な理解

ISO 23592 のサービスエクセレンスモデルでは，卓越した顧客体験を通じた顧客の喜び・感動（カスタマーデライト）につながる組織能力の源として，四つの側面と九つの要素が提示されている．全部の要素に対してではなくともよいので，これらを基に組織を見直し，変化させ，組織能力を高めてもらいたい．

① サービスエクセレンスのリーダーシップ及び戦略
- リーダーシップ及びマネジメントの条件
- サービスエクセレンスのビジョン，ミッション及び戦略

② サービスエクセレンス文化及び従業員エンゲージメント
- サービスエクセレンス文化
- 従業員エンゲージメント

③ 卓越した顧客体験の創出
- 顧客ニーズ，期待及び要望の理解
- 卓越した顧客体験の設計及び改良
- サービスイノベーションマネジメント

④ 運用面でのサービスエクセレンス
- 顧客体験に関連する効率的で効果的なプロセス及び組織構造のマネジメント
- サービスエクセレンスの活動及び結果の監視

CEN/TS 16880からの具体的な変更点は第3章のJIS Y 23592の解説に譲るが，重要な点が二つある．

一つ目は，従来は戦略のひと言で集約されていた①の側面の名称が“サービスエクセレンスのリーダーシップ及び戦略”となり，リーダーシップの重要性が強調されたことである．

サービスエクセレンスは現場起点での顧客対応改善を基にしたボトムアップアプローチというより，第一義にはリーダーシップが重要なトップダウンアプローチである．モデルにある四つの側面や九つの要素の間に順序関係はないが，リーダーシップをもって，サービスエクセレンスの戦略を示すことがまず欠かせない．リーダー自らが旗を振って，戦略で定められる内容を実現するためのモデルであると考えると，組織のリーダーはこのモデルを活用すること

で，必要な組織能力をもれなく強化できる．また中間管理者は，スタッフに向けてどうふるまうべきかが理解できるように，ベストあるいはベターな実践例が，規格内に提示されているため，参考になると思われる．

このように，経営者・中間管理者・スタッフが一体となって顧客のデライト創出に向かえるような組織能力の獲得を支援してくれる規格となっている．

二つ目は，CEN/TS 16880 にはなかった“卓越した顧客体験の設計及び改良”という要素が“卓越した顧客体験の創出”という側面の要素として加わったことである．

CEN/TS 16880 までは“卓越した顧客体験の創出”をマーケティングや顧客体験マネジメントの活動として捉える向きが強かったが，それが設計活動として明記されたことになる．そして，この新たな要素は，ISO 23592（JIS Y 23592）の内容を基に，日本が開発をリードした ISO/TS 24082（JIS Y 24082）において具体化・拡張されている．

(2)　エクセレントサービスのための設計活動

JIS Y 24082 では，卓越した顧客体験をもたらすエクセレントサービスのための設計として，以下の五つの設計活動が重視されている．組織やサービスの性質によって採用されている企画開発の方法は様々であり，また昨今では「〇〇版のデザイン思考」などというように，各組織が独自にアレンジしたものなどもある．

五つの設計活動は，各組織に既存の設計アプローチを全て置換するものではなく，そこに組み込んで活用していくことを想定している．以下，各設計活動を概説する．

①　顧客に対する理解及び共感

いわゆる顧客分析で，JIS Y 23592 にある“顧客のニーズ，要望及び期待の理解”に対応するが，人間中心設計などでのユーザー調査にある観察技法や定性分析も活用しながら，顧客に対する共感を育み，洞察を得ることなどを書き加えている．

② 設計課題及び独自の価値提案の明確化

卓越した顧客体験の設計に向けた準備活動であり，①の結果を使いながら，顧客のどのような問題に取り組もうとするのか，また顧客にどのように訴求するか価値提案としてまとめていく．JIS Y 23592 では顧客理解の次に卓越した顧客体験の設計に関する要素が並ぶが，JIS Y 24082 ではその間にある問題設定の取組みを明確にしている．

③ 顧客接点及びデータポイントによる卓越した顧客体験の設計

いわゆるカスタマージャーニーやサービスの提供プロセスを描くところで，JIS Y 23592 にある“卓越した顧客体験の設計と改良”に相当するが，顧客接点に並ぶものとしてデータ取得点（データポイント）を設計対象として明示化している．これからの優れたサービス設計において，サービスの個別化や改善につながるデータの収集・蓄積・利活用を予め考えておくことは必須事項である．

④ 共創環境の設計

サービスによって生み出される価値は，サービスの提供者側から顧客に向けて一方向に提供されるものではなく，顧客が協力・参加して提供者と共に創り出していく（すなわち，共創する）ものである．こうした見方はサービスにおいて一般的になりつつある．この活動では，価値共創を偶然に頼るのではなく，サービス提供者と顧客との協働に基づいた共創を促進する環境を準備し，可能性を高めていく．JIS Y 24082 の開発を主導した日本からの提案のハイライトでもある．

⑤ エクセレントサービスのための設計の評価

①と④を経て設計したものに対して，顧客がどう感じるかという顧客視点での評価をテストしたり，設計した仕組みが③と④の推奨事項に照らし合わせてどうであるか点検したりする活動である．また，持続可能で社会的責任のある内容であるかどうかの考慮も忘れてはならない．

1.3 本書の構成

本書の以降の構成は次のとおりである．

第2章ではサービスエクセレンス規格の経緯と JIS Y 23592 と JIS Y 24082 の双方に共通する重要概念について解説する．第3章は JIS Y 23592 の逐条解説，第4章は JIS Y 24082 の逐条解説を行う．第5章は事例とよくある質問を掲載する．

第2章　サービスエクセレンス規格までの経緯

2.1　ISO/TC 312 の活動及び規格開発の経緯

2.1.1　ISO/TC 312 "Excellence in service"

ISO/TC 312 "Excellence in service" [*1] は，34 を超える各国の国家標準化機関（NMB）の代表で構成される国際的な分野横断的な専門委員会（Technical Committee：TC）であり，サービスエクセレンスに関する国際標準の開発を担当している．この専門委員会は 2017 年に設置され，2021 年 9 月現在，二つのワーキンググループ（Working Group：WG）と二つのタスクグループが活動している．

ISO/TC 312 は，公共セクターを含む全てのサービス提供組織のエクセレントサービスと卓越した顧客体験を対象にし，それらを設計，マネジメント，実装，計測するための概念，アプローチ及び基準をどのように規定するかに注力している．ISO/TC 312 では，サービスエクセレンスに関する様々なベストプラクティスを反映し，この分野に一貫した理解をもたらすための共通言語と信頼性のある意思決定フレームワークを提供することを行っている．

2.1.2　ISO/TC 312 設立までの経緯

表 2.1 に，この ISO/TC 312 に関係する国内と海外の動向をまとめる．ISO/TC 312 設置の提案国であるドイツは，2011 年にドイツの国家規格である DIN SPEC 77224（Achieving customer delight through service excellence）を発行した．これは DIN が，PAS（Publicly Available Specification）方式

[*1] TC 名が Excellence in service であるが，これは設置上での問題であり，Service excellence（サービスエクセレンス）と同じだと捉えてよい．

に基づいて作成したもので，サービスエクセレンスを「顧客又はその他利害関係者を感動させるような，平均を超える品質水準のサービスを創出する組織の能力」と定義している．

2015年にはDIN SPEC 77224を基に，ドイツ及びオランダを含む欧州8か国が参加して，欧州標準CEN/TS 16880（Service excellence—Creating outstanding customer experiences through service excellence）を策定した．

CEN/TS 16880においてサービスエクセレンスは「卓越した顧客経験を一貫して提供する組織の能力」と定義されており，後述するISO 23592でのものとほぼ同じである．また，同標準は正式な規格文書の前段階である技術仕様書（Technical Specification：TS）として策定されている．その意図は，まず迅速に合意を形成して文書化し，それを社会に問うところにある．

そして，ISO/TC 312では，このCEN/TS 16880を基に，新たな国際的な合意形成を推進すべく設置され，ISO 23592:2021の開発を進めてきた．

表 2.1　ISO/TC 312サービスエクセレンスの国際標準化に関する年表

年　月	イベント	国内
2009年	JST RISTEX問題解決型サービス科学研究開発プログラムの発足（2016年まで）	○
2011年	DIN SPEC 77224：Achieving customer delight through service excellence　発行	
2012年	サービス学会（Society for Serviceology：SfS）の設立	○
2015年	CEN/TS 16880：Service excellence—Creating outstanding customer experiences through service excellence 発行	
2016年　4月	サービスのQ（品質）計画研究会（JSQC, JSA, SfSの合同委員会）の設置	○
2017年　4月	サービスのQ計画研究会の成果を受け，サービス標準化委員会を発足（事務局：JSA）	○
9月	ISO/TC 312“Excellence in service”の設置	
11月	第2回サービス標準化フォーラムが開催	○
2018年　2月	ISO/TC 312の国内審議委員会が発足	○

表 2.1 （続き）

年　月	イベント	国内
2018 年　3 月	ISO/TC 312 の第 1 回総会をドイツ・ベルリンで開催	
	サービス標準化委員会にて A 規格「サービス・エクセレンス—一般原則と用語定義—」及び B 規格「エクセレント・サービス規格開発の指針」の承認	○
11 月	ISO/TC 312 の第 2 回総会をドイツ・ベルリンで開催	
2019 年　5 月	ISO/TC 312 の第 3 回総会をイギリス・ロンドンで開催	
6 月	JSA 規格 JSA-S1002「エクセレントサービスのための規格開発の指針」を発行	○
7 月	JIS 法改正　工業標準化法 → 産業標準化法，日本工業規格 → 日本産業規格	○
10 月	ISO/TC 312 の第 4 回総会を東京で開催	
	第 3 回サービス標準化フォーラムが開催	○
2020 年　2 月	ISO/TC 312 の中間会議（WG 1 と WG 2）をドイツ・エッセンで開催	
5 月	ISO/TC 312 の第 5 回総会を開催（オンライン）	
2021 年　1 月	ISO/TC 312 の第 6 回総会を開催（オンライン）	
6 月	ISO 23592 “Service excellence—Principles and model” を発行 ISO/TS 24082 “Service excellence—Designing excellent service to achieve outstanding customer experiences” を発行	
7 月	サービスエクセレンス規格(ISO 23592, ISO/TS 24082) 説明会が開催（オンライン）	○
11 月	ISO 23592 と ISO/TS 24082 に対応した JIS Y 23592 と JIS Y 24082 を発行	○

2.1.3 日本での経緯と期待された役割

翻って日本をみてみよう．日本においては，科学技術振興機構 社会技術研究開発センター（JST RISTEX）による研究ファンドを契機にサービス科学コミュニティが形成され，分野横断型の総合学会としてサービス学会（以下，“SfS” という）が 2012 年に設立された．SfS の特徴の一つは，経営学やマーケティング分野の他，工学・情報科学・システム科学などの研究者も参画している点である．

2015年から一般社団法人日本品質管理学会（以下，“JSQC”という），SfS及び一般財団法人日本規格協会（以下，“JSA”という）の合同で，日本のサービスの標準化について意見交換が開始された．

2016年には，サービスのQ（品質）計画研究会（事務局：JSQC）が設置され，サービス規格原案の開発などが実施され，そこでの成果を受け，2017年にサービス標準化委員会（事務局：JSA）が設置された．サービス標準化委員会は，関係省庁，産業界，学会などから約20名の委員で構成される組織として設計され，以下の議論を行い，サービスのQ計画研究会が提案する規格の審議を行ってきた．

- 消費者が安心し，信頼してサービスを利用できるための標準化
- 高品質なサービス技術の再現可能性を高め，サービスの多様性に応えられる標準化
- グローバル化の観点から，日本のサービス標準のISO規格化を推進することによる，国内事業者の海外展開における優位性確保に向けての標準化
- サービス業の生産性・付加価値の向上を支援する標準化

年表をみるとわかるように，これら国内の動きはISO/TC 312の設置よりも前にあたる．こうした日本独自の成果も踏まえつつも，国際標準の動きと足並みを揃えるために，JSAがISO/TC 312の国内審議団体となり，我が国もISO/TC 312に参画することとなった．

2.3節の重要概念の解説でも述べるが，ISO/TC 312に参画する上での日本の戦略は，サービスエクセレンスの国際標準づくりにおいて，サービスの設計に関するイニシアチブをとること，また価値共創の枠組みを反映させていくことの2点であった．

ここまでISO/TC 312の設立の経緯を主にみてきた．その他，筆者ら以外がそれぞれの立場・時点からまとめた動向や，サービス標準化全般を含む文献としては，引用・参考文献（46ページ）の1)から4)などを参照されたい．ま

た，ISO/TC 312への参画後に筆者らが規格開発を行いながら速報を記した解説では，引用・参考文献の5)から8)などを参照されたい．

2.1.4 ISO/TC 312の構成

ISO/TC 312の議長は，ドイツのコブレンツ・ランダウ大学の経営研究所長，及びサービスエクセレンス・センター長を務めるProf. Dr. Matthias Gouthierである．Pメンバ（Participating member：積極参加メンバ）は17か国であり，表2.2に示す規格開発に取り組んでいる．同表では，これらの規格とWGとの関係についてもまとめている．

表2.2 ISO/TC 312の発行予定規格などとWG

規格番号	標　　題	WG	WGの主査
ISO 23592	Service excellence—Principles and model (サービスエクセレンス—原則及びモデル)	WG 1	ドイツ
ISO/TS 24082	Service excellence—Designing excellent service to achieve outstanding customer experiences (サービスエクセレンス—卓越した顧客体験を実現するためのエクセレントサービスの設計)	WG 2	日本
ISO/TS 23686 (予定)	Service excellence—Measuring service excellence performance (サービスエクセレンス—サービスエクセレンスのパフォーマンスの測定)	WG 3 →WG 1	フランス→ ドイツ
ISO/TR 7179 (予定)	Service excellence—Use case for realizing service excellence	WG 2	日本
(キプロスより NP提案)	Service excellence—Principles and model for public service (サービスエクセレンス—公共サービス組織のための原則とモデル)	(未定)	(未定)
(ISO/TC 312 で議論中)	Implementation and transformation of service excellence	(未定)	(未定)

まず，ISO 23592 の策定はドイツがコンビーナ（主査）を務める WG 1 で行われ，CEN/TS 16880 をベースとした規格開発が行われた．この規格は，サービスエクセレンス関連規格の基盤となるものである．一方，日本は JSA 規格である JSA-S1002（エクセレントサービスのための規格開発の指針）等を一部持ち込むことで WG 2 を立ち上げ，エクセレントサービスの設計に関する ISO/TS 24082 の策定を主導した．

WG 2 のコンビーナ(主査)は東京大学の水流聡子，プロジェクトリーダーは東京大学の原辰徳である．そのほか，エキスパートとして，標準化活動の経験が豊富な先生方に加えて，ISO/TC 312 における今後のテーマの広がりをにらみ，東京理科大学の安井清一を含め，複数分野の若手研究者が参画している．

次に ISO/TS 23686（予定）については，当初フランスが主査を務める WG 3 において，その NP 提案（New work item Proposal：新業務項目提案）と議論が早い段階で行われてきた．しかしながら，ISO/TC 312 のリソースを考慮し，サービスエクセレンスのベースとなる ISO 23592 の発行を優先することで合意がなされ，WG 3 の活動が一旦中断された．更に，ISO 23592 の発行が決まった後には，フランスが WG 3 の主査及び ISO/TS 23686 の開発を主導することが困難になり，結果，WG 3 はドイツが主査の WG 1 に統合され，そこで開発が再開されることになった．プロジェクトリーダーは，ドイツのエキスパートで，エネルギー会社 E.ON にて顧客体験マネジメントなどに取り組む Christopher J. Rastin である．

ここで，これまでに発行された ISO 23592，ISO/TS 24082 及び策定中の ISO/TS 23686 の関係を説明する．サービスエクセレンスそのものは組織能力を表し，顧客からは直接みえない，いわば裏の競争力である．対して，エクセレントサービスは顧客に直接届けられ評価される表の競争力である．

ものづくりの組織能力では，深層レベルの競争力と表層レベルの競争力と呼ばれる考えがある[9)]．これとの類推でいえば，深層レベルの競争力のうち，組織能力構築をまとめるのが ISO 23592，顧客体験やデライトの測定に加えて QCD＋F（Quality, Cost, Delivery, Flexibility）のような組織能力の指標項目を開発するのがISO/TS 23686の役割である．そしてそれらを基に，いわゆる4P（Product, Price, Place, Promotion）のような表層レベルの競争力である提供物をつくり出すのがISO/TS 24082の役割といえよう．

なお，これらのほか，TC設立時のプランでは，公共サービスとその組織へのサービスエクセレンスの適用，及びサービスエクセレンスの導入や事業転換を扱うテーマなどを対象とした規格の開発が検討されていた．今回のISO 23592とISO/TS 24082の発行を経て，前者の規格づくりについて，キプロスからNP提案が出されたところである．

ISO 23592:2021発行の経緯は，次のとおりである．

・2018年3月の第1回総会（ドイツ・ベルリン）において，ISO 23592のNP提案をドイツが行うことが承認され，同年11月にNP提案が可決され，開発が開始された．

・2018年11月（ドイツ・ベルリン），2019年5月（イギリス・ロンドン），同年10月（日本・東京），2020年2月（ドイツ・ベルリン）及び2020年5月（Web）と会合を重ね，作業原案（WD），委員会原案（CD）及び国際規格案（DIS）の策定が順次行われた．

・2020年8月にDIS投票が開始され，結果，賛成多数で可決され，2021年1月の第6回総会において，FDIS投票を経ずに発行段階に進むことが承認された．

・2021年6月，ISO 23592:2021が発行された．

ISO/TS 24082:2021発行の経緯を述べる．日本ではサービス標準化委員会が2018年に策定した規格[*2]を踏まえてJSA-S1002を速やかに開発し，2019年に発行した．筆者らのうち，サービス標準化委員会に水流が参画し，JSA-S原案作成委員会に水流と原が参画した．そして，これらと同時期に設置されたISO/TC 312の国内審議委員会（委員長：水流，原と安井は委員）において，JSA-S1002を基にしたエクセレントサービスの設計に関する技術仕様書の開

*2 「サービス・エクセレンス――般原則と用語定義―」（A規格）と「エクセレント・サービス規格開発のための指針」（B規格）の二つ

発を日本からISO/TC 312に提案することになった．この提案も含めたISO/TC 312内での経緯は，次のとおりである．

・2018年11月の第2回総会（ドイツ・ベルリン）において，ISO/TS 24082のNP提案を日本が行うことが承認され，2019年4月にNP提案が可決され，開発が開始された．

・2019年5月（イギリス・ロンドン），同年10月（日本・東京），2020年2月（ドイツ・ベルリン），2020年5月（Web），及び同年7月（Web）と会合を重ね，作業原案（WD）及び技術仕様書案（DTS）の策定が順次行われた．

・2020年10月にDTS投票が開始され，結果，賛成多数で可決され，2021年1月の第6回総会において，発行段階に進むことが承認された．

・2021年6月，ISO/TS 24082:2021が発行された．

ISO/TS 24082には要求事項（shall）はなく，推奨事項（should）のみが書かれている．ISOのDirectives（ISO/IEC専門業務用指針）上はTSでshallを使うことは差し支えないため，shallとshouldを使い分ける方針でDTSまで準備していた．しかし，WG 2においてたびたび「TSではshallの使用は避けたほうがよい．」との意見がされてきたこともあり，最終的に日本としてはISO/TS 24082の早期発行を優先し，まずはshouldのみを使用することに合意した．その際，TS発行後に規格ユーザーの意見を聞いた上で，次期改訂の際に，TSからISにすること，及びshouldのshallへのアップデートを検討していく方針が確認された．

図2.1は，両規格の経緯にある，東京で2019年10月に開催した第4回総会の様子である．同図(a)は，2.3.3項で述べるような，重要概念の整理を説明しているところ，同図(b)は，エクセレントサービスと卓越した顧客体験の関係性について議長と議論した際のホワイトボードである．

議長からは「卓越した顧客体験は主にマーケティング側，エクセレントサービスは主にデザイン側の概念であり，それらをどのように統合し，橋渡ししていくかが，ISO/TS 24082に期待することである．」との期待が寄せられた．

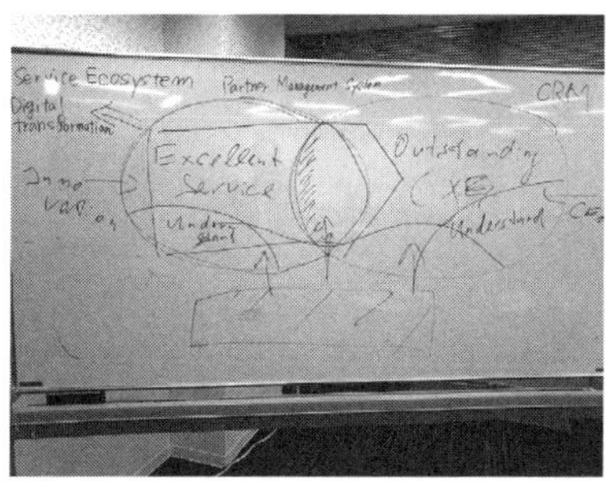

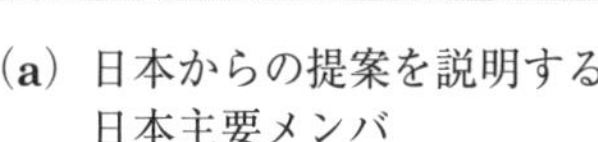

(**a**) 日本からの提案を説明する日本主要メンバ　(**b**) エクセレントサービスと WG 2 の位置付けに対する議長との議論

図 2.1　ISO/TC 312 第 4 回総会（東京）での WG 2 の様子

2.2　JIS 化の活動及び規格策定の経緯

今回，JSA に事務局を置く ISO/TC 312 国内審議委員会において，ISO 23592:2021 及び ISO 24082:2021 の JIS 化の是非について検討した．既にある社会的背景から，我が国のサービス産業にとっても，この国際規格に基づいて，サービスエクセレンスの標準化を進めることは有益であるとの判断から，JIS Y 23592 及び JIS Y 24082 原案作成委員会の設置が承認され，JSA に事務局を設置し，この JIS 原案が作成された．

我が国の組織が，組織能力の向上によって顧客ロイヤルティを高め，再利用（リピート）意向，他者への推奨などの長期的効果を手にすることで組織の持続的発展を達成することの一助ともなるよう，ISO 23592:2021 を基に，技術的内容，構成を変更することなく一致規格として JIS を開発することとした．

同様に，優れたサービスを提供する組織能力としてのサービスエクセレンスのアウトプットとして，エクセレントサービスを設計するための方法を身に付けるための一助となるよう，ISO/TS 24082:2021 を基に JIS を開発した．こちらは一致規格ではなく，先述の要求事項と推奨事項の区分の一部見直しや注記を追記している．対応の程度を示す記号は “MOD”（修正している）である．

2.3　重要概念の解説

第3章と第4章でISO 23592とISO/TS 24082を解説する前に，両方に共通する重要概念を幾つか解説する．

2.3.1　カスタマーデライトとは

ISO/TC 312設立の契機は，顧客満足からカスタマーデライト（customer delight）への目標転換，そしてそのために組織全体をマネジメントしていくことの重要性がより高まっていることであった．昨今では顧客満足度の向上は一般的な事業目標になったが，それだけでは顧客ロイヤルティの向上や顧客維持には必ずしもつながらないといわれている．

顧客ロイヤルティを高め，再利用意向や他者への推奨などの長期的効果を手にするには，カスタマーデライトとして顧客のポジティブな感情を引き出し，強い印象を与えていくことが重要とされる．

図2.2は，カスタマーデライトが及ぼす影響を示したものである．デライトを感じた顧客は，再購入と推奨の意向が大きく伸びていることがわかる．また，このデータには示されていないが，顧客行動に与えるその他のポジティブな影響として，より強い購買行動や高い支払い意思額（Willingness To Pay：

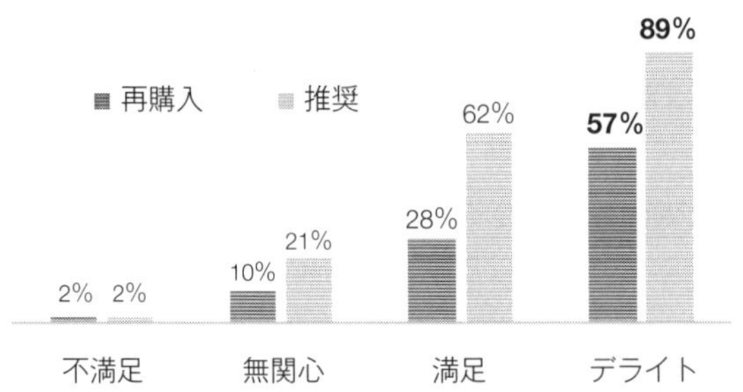

図2.2　顧客満足とカスタマーデライトが再購入と推奨に及ぼす影響の比較[*3]

[*3] Data source: J.D. Power: "Achieving Excellence in Customer Service: The Brands That Deliver What U.S. Consumers Want", 2011.

WTP）が知られている．

実は，国内でよく知られる日本版顧客満足度指数（Japanese Customer Satisfaction Index：JCSI）の調査においても，満足度を中心とした6指標のほかに感情指標（感動指標，失望指標）の設問が設けられており，顧客満足とカスタマーデライトの概念が区別されている．感動指標では，当該企業・ブランドを利用した際に，“びっくりした”“うれしい”“楽しい”“興奮した”の4項目の経験がどの程度あったかを尋ね，その結果を指数化している．

このように，「顧客満足の次のターゲットはカスタマーデライトだ」となるが，その重要性の認識と実現との間には大きなギャップがある．ISO/TC 312の議長の研究グループらが行った2016年の調査結果によれば，「デライトはとても重要」と認識する企業は70％を超えた一方，とてもよく実現できていると答えた企業は約10％であった．ISO/TC 312では，このギャップを埋めるために必要なコンセプト，ツール及びガイドラインを提供する．

カスタマーデライトを日本語に訳すと顧客の強い喜び，歓喜，感動などとなり，急に敷居が高くなったと感じるかもしれない．ただし，なにもお客様ストーリーに出てくるような驚きや感動だけに限定しておらず，ISO 23592では「非常に大切にされている若しくは期待を超えているという強い感情，又はその両方に由来する，顧客が体験するポジティブな感情」と広く定義される．つまり，うれしい，楽しいなどの様々なポジティブで“快い”感情を基本としているのであって，驚きや感動などの“覚醒した”感情は，これを増大させるものとして位置付けられている．また，“大切にされているという感覚”（feeling of being highly valued）から来るポジティブな感情は，ホスピタリティ・おもてなしや介護・医療サービスとの関わりを考えていく上でもわかりやすい概念であろう．

一方，満足とはJIS Y 23592において“期待が満たされている程度の認識”であり，そこには感情面は直接含まれない．このことから，カスタマーデライトは感情面に注目した捉え方である．

この感情面とも関係するが，定義にあるもう一方の「期待を超えている」

を理解する上では，製品企画などに用いられる狩野モデルの魅力的品質(attractive quality)[10]が参考になる．

図2.3は，顧客満足とカスタマーデライトの双方を含む尺度として顧客体験の良さを縦軸にとり，狩野モデルを書き直したものである．狩野モデルは，DIN SPEC 77224の附属書にも含まれており，今回，JIS Y 24082の附属書B「狩野モデル—顧客にデライトをもたらすものの理解」でも紹介している(本書では掲載を省略)．

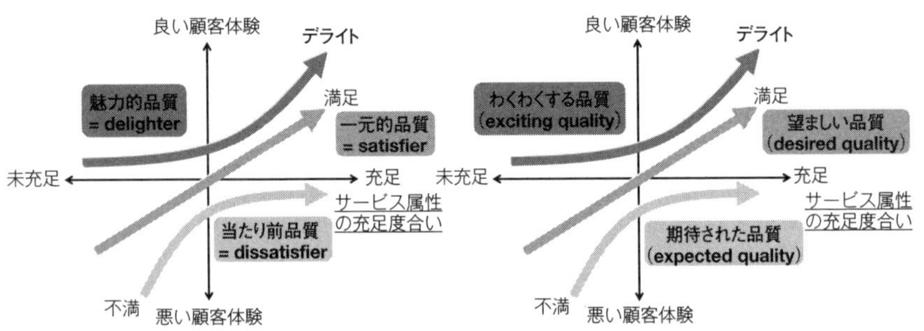

(**a**)　よく知られた狩野モデル　　(**b**)　感情面が強調された狩野モデル

図2.3　狩野モデルとカスタマーデライトとの関係
[(a)は引用・参考文献の10)を基に，(b)はISO 16355-5を基に作成]

横軸は評価対象となるサービス属性（機内サービスでのドリンクの種類，機内の静けさ，声掛けの頻度など）の充足度（数量や水準など）を表す．同図(a)では元々の魅力的品質，一元的品質，当たり前品質が，(b)ではそれらを改訂したわくわくする品質，望ましい品質，期待された品質が対比されている．

これらによれば，直感的には「魅力的品質／わくわくする品質によってよい顧客体験がもたらされたときにデライトが生まれる．」と解釈するのがわかりやすい．もちろん，一元的品質／望ましい品質でも期待以上を突き詰めれば達成され得るが，相当の努力が必要であろう．

また，ここでの品質区分は，顧客の経験や普及度によっても時間変化する．例えば，2年ほど前から日本国内において盛んになったQRコード®決済について考えてみよう．当時は「対応してなくても不満はないが，あると特段嬉しい」という意味で魅力的品質であり，QR コード®決済に対応していることが，店舗の魅力と差別化要因になり得ていた．しかしながら，徐々に様々な QR コード®決済ブランドが登場し，浸透した結果，どれだけ多くの種類に対応しているかがポイントになり，「対応してないと不満で，あると嬉しい」という一元的品質として捉えられるようになってきた．

2021 年秋現在，やや揺り返しが来ているようにも感じられるが，今後より普及した場合には「対応してないと不満で，あっても嬉しいわけではない」という当たり前品質になる可能性すらある．

このように書くと，カスタマーデライトは従前の品質論と同じと思われるかもしれないが，このことに関して，引用・参考文献の 11)では，次の興味深い論考が示されている．

> “狩野品質論は元々顧客が予期していないが，当該品質要素の充足を認識することで，顧客満足度が急増する非線形品質を魅力的品質と定義した．TQM（Total Quality Management）活動では，その重要性は 1980 年代から認識されていた一方で，ISO 9001 の Quality の定義とは若干の乖離が生じていた．顧客に感動を与える品質概念を ISO 9001 の Quality と差別化して Excellence と呼ぶことは，国際的にも定着しつつある．日本でも，第一世代の品質管理専門家には，品質概念を製品の質概念以外に，「品」がある状態を指すといった向きも少なからずあった．ここで，価値は経済的な価値に換算できるものではなく，顧客が得た知識や顧客にもたらされた感情に起因する主観的価値の実現も求められている．”

つまりサービスエクセレンスは，狭義の品質管理との対比で，感情面や主観的価値に注目してカスタマーデライトを生み出していくための標語であり，この方向性の下で従来の組織的な取組み（全社活動）を一段引き上げていくものとも理解できそうである．この点については，第 3 章の箇条 6 でも紹介する．

2.3.2　サービスエクセレンスピラミッドとは

(1)　サービスエクセレンスと関連規格

サービスエクセレンスの理解のためによく用いられる図として，サービスエクセレンスピラミッドと呼ばれるものがある．DIN SPEC 77224 と CEN/TS 16880 にも同じ名称の似た図があるが，図 2.4 の中央のピラミッドは ISO 23592，つまり JIS Y 23592 で作成された最新のものである．

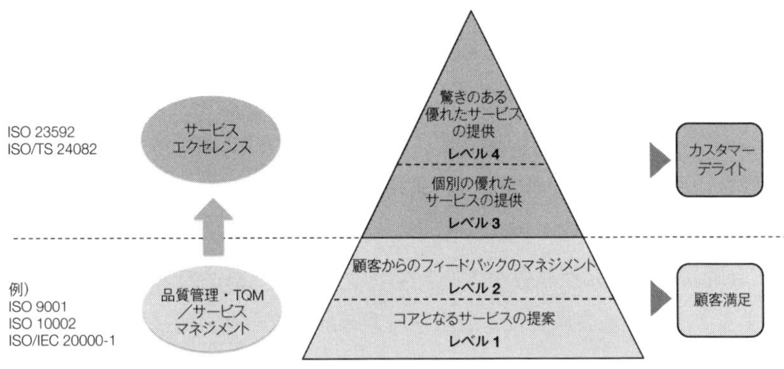

図 2.4　サービスエクセレンスピラミッド（中央）と関連規格

このピラミッドでは，レベル 1 からレベル 4 の組織活動が書かれている．これらレベル 1 からレベル 4 の表記は，CEN/TS 16880 を基に ISO 23592 を作成する過程で若干修正されている．

まずレベル 1 のコアとなるサービスの提案は JIS Q 9001（品質マネジメントシステム—要求事項）をはじめ，既存の品質管理標準などで扱われている基本的なサービスであり，レベル 2 の顧客からのフィードバックのマネジメントは JIS Q 10002（品質マネジメント—顧客満足—組織における苦情対応のための指針）などで定められた顧客からの要求やクレームへの対応である．その他，IT サービスマネジメントに関しては，JIS Q 20000-1（情報技術—サービスマネジメント—第 1 部：サービスマネジメントシステム要求事項）などもレベル 1 とレベル 2 に該当する．それぞれ次の①と②のように説明される．

①　レベル 1：コアとなるサービスの提案（core service proposition）

顧客との約束とその履行にあたるものである．JIS 原案作成にあたり，“核となるサービスの提案”“中核となるサービスの提案”“中核サービスの提案”などのような日本語訳にすることも検討したが，組織の基盤となる中核サービスというよりも，顧客からの事前の期待に応える部分であることから，カタカナを用いた“コアとなるサービスの提案”と訳されている．

原文にある proposition を提案と訳し，理解することは慣れないと難しいが，pro（前もって）＋ position（顧客の中に位置付ける，訴求する）と分解して捉えると多少理解しやすくなる．実際に体験されるサービスの中核はレベル 1 での提案と同じではなく，顧客との相互作用や利用方法によって調整されるし，後述するレベル 3 やレベル 4 の提供を伴い得る．

② レベル 2：顧客からのフィードバックのマネジメント（customer feedback management）

CEN/TS 16880 では苦情対応マネジメント（complaint management）であったが，ネガティブな面に限らず，好意的な顧客の声や反応などのポジティブなフィードバックも対象とするために，顧客からのフィードバックマネジメントに修正されている．

これらレベル 1 とレベル 2 は顧客満足を形成する重要な要素であるが，それだけでは競争力の獲得，特に持続的な顧客維持は困難であることはこれまでに述べた．そのため，カスタマーデライトを対象とした，上位のレベル 3 とレベル 4 の重要性が指摘されている．

JIS Y 23592 の序文にあるレベル 3 とレベル 4 の説明は次の③と④のとおりである．ここでは読みやすさを優先し，少し言い換えをしている．CEN/TS 16880 においては，元々 individual service と surprising service であったが，それらがエクセレントサービスの一形態であること，及び組織活動であることを明確にするべく，individual / surprisingly excellent service provision にそれぞれ修正された．更に日本語訳においては，2.3.3 項（42 ページ）で解説する“エクセレントサービス”と単独で表記する際の概念との混同を避けるために，このレベル 3 とレベル 4 に限り“優れたサービスの提供”としている．

③ レベル3：個別の優れたサービスの提供（individual excellent service provision）

温かみがあり，誠実で，個別化され，特別に仕立てられ，そして価値を生み出すものとして顧客に認識されるサービス提供である．顧客は大切にされていると感じることで，感動を覚える（心が動く）．

④ レベル4：驚きのある優れたサービスの提供（surprisingly excellent service provision）

特別に仕立てられ，驚きと喜びの感情につながるサービス提供である．これは，顧客の期待を超えることで実現される．期待を超えることは想定外の卓越した顧客体験を提供することで達成できるが，ほかにも様々なアプローチが考えられる．

図2.5は，レベル1～レベル4の内容を，サービス提供者と顧客それぞれの立場で表現したものであり，サービスエクセレンス規格に関する講演や研修資料などでも用いられる．中でも，“期待されている以上のことをする／一層の努力をする”の原文“go the extra mile”は，サービス提供者の姿勢を一言で表すものとしてよく用いられる．また，同図にあるように，サービス提供側にとってはレベルごとに意識した取組みが有効であるが，それらは顧客側では明確に区別されて認識されるわけではない．

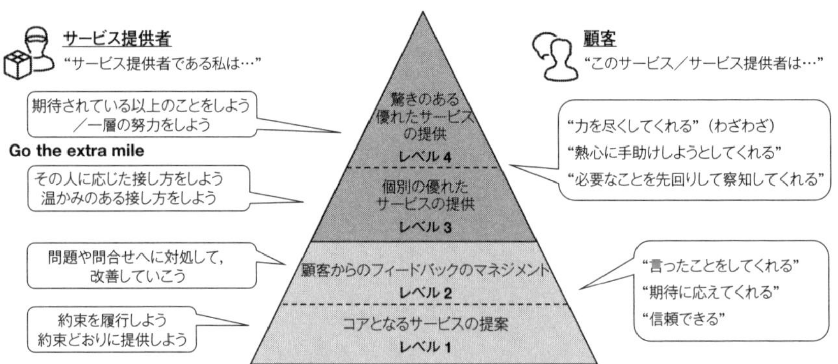

図2.5 サービスエクセレンスピラミッドの階層を理解するための表現

そうした意味でも，レベル 3 の上部にレベル 4 があるが，これはレベル 4 が優位や最終到達点ということではなく，レベル 3 とレベル 4 はそれぞれ別の要因として並列に捉えるべきである．

(2)　カスタマーデライトに対する二つの見方：期待と感情

ここまでサービスエクセレンスピラミッドについてみてきたが，特にレベル 3 にある“個別の優れたサービスの提供”についてはその名称だけでは何を意味しているかが推測しづらいと思われる．ここで改めてカスタマーデライトに対する二つの見方を基に，レベル 3 とレベル 4 をどう理解すればよいかについて補足をしてみたい．なお，これは筆者ら自身が理解を深めるために行った仮説思考を基にしており，特に後述する図 2.6 について，現時点までに ISO/TC 312 での合意や学術的な検証を経たものではないことをご了承されたい．

2.3.1 項では，主に製品企画や品質管理の観点から説明したが，カスタマーデライトには，顧客満足度の延長でみようとする見方と，顧客満足とは異なる概念としての感情面での見方があった．

まず後者の見方をみると，カスタマーデライトとは，顧客が予期しない顧客体験を提供することにより達成されるものであり，それを強い感情的な反応，特にポジティブな感情に注目して捉えるというものであった．レベル 4 では驚きと喜びの感情が，レベル 3 では大切にされているという顧客の感覚が説明されていることから，レベル 3 とレベル 4 のサービス提供とは“結果としてこれらをもたらすもの”という理解に留まる．

前者の見方について，引用・参考文献の 12)，13) を基に，サービスマーケティングでのサービス品質の観点からみてみる．サービス品質の代表的な評価方法として SERVQUAL と SERVPERF がある．SERVQUAL は信頼性，反応性，確実性，共感性，有形性の五つの評価因子[*4]（構成概念）から構成され

*4　信頼性は約束を性格に実行する能力，反応性はサービス提供者のやる気と迅速性，確実性はサービス提供者の知識や安心感を生む能力，共感性は顧客の目線でものごとを考える能力，有形性は顧客の目にみえるものへのこだわり

る．そして，これらの期待値と実現値との差を22の質問を通じて測定し，五つの評価因子それぞれのサービス品質と定義する．

これに対して，SERVPERFは，SERVQUALと同じ尺度で実現値のみをサービス品質として扱っている．現在は，単独でサービス品質と呼ぶときには，こちらのSERVPERFの意味での実現値（知覚品質）を指すことが多い．

一方，JIS Y 23592における満足は“期待が満たされている程度の認識”であり，こちらも同様に期待値と実現値との差を元に測定する方法が知られている．ここで，サービス品質に対する期待値とは“あるべき品質”であるが，それには(a)妥当なサービス（adequate service）の水準と(b)望ましいサービス（desired service）の水準があり，その間に許容範囲（zone of tolerance）があるとされる．そして，顧客が知覚したサービス品質が許容範囲に収まっているとき，満足状態にあるとされる．

図2.6の左側は期待されるサービス品質の程度を表し，(a)妥当なサービス，(b)望ましいサービス及び許容範囲の関係を図示している．同図の右側にある“結果”では満足の有無のみを示しているが，満足の程度を考慮すれば，(b)望ましいサービスの水準に近いほど満足が高いという言い方もできる*5．

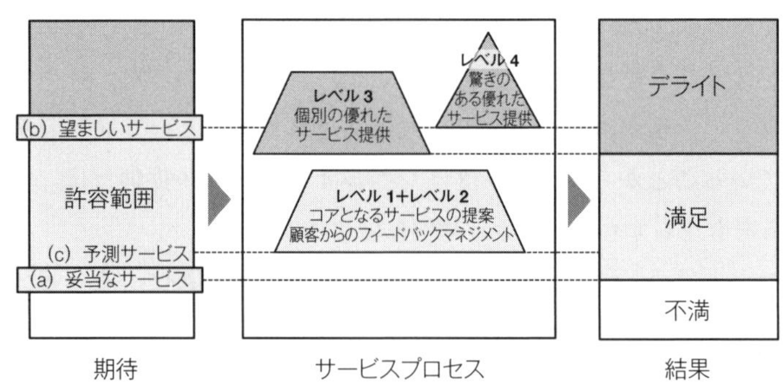

図2.6　サービスの期待とサービスエクセレンスピラミッドとの対応イメージ

*5　狩野モデルの図2.3（34ページ）と同様に，図2.6も総合的な満足度ではなく因子ごとの満足・不満を対象にしているが，知覚品質(顧客が主観的に認知する品質)に基づいており，図2.3の横軸がサービス属性(客観的な属性)であることと異なる．また，図2.3(b)の望ましい品質と，ここでの望ましいサービスは異なるものなので，注意されたい．

そして，顧客が実際に体験した際に(b)望ましいサービスの水準を超えた場合に，満足の延長としてのデライトがもたらし得る．これがレベル4にある「顧客の期待を超える」に対する一つの説明であり，デライトでは期待（値）を(b)望ましいサービスとして理解することが重要である．

なお，個々の顧客にとって，各因子に対する許容範囲は広がったり狭まったりする．下限である(a)妥当なサービスは競合，サービスの提供形態及び状況要因に応じて上下しやすいのに対して，上限である(b)望ましいサービスは口コミや知識から影響を受けるほか，利用経験の蓄積に応じてゆっくりと上昇する傾向がある[13)]．

また，レベル3（38ページの③）にある“温かみがある”“誠実である”“個別化されている”“特別に仕立てられている”“価値を生み出すものである”を理解する上では，先述した五つの評価因子と22個の質問項目が参考になる．

例えば，共感性に含まれる項目「X企業は，あなたの特定のニーズを理解している.」「X企業は，あなたに個人的に注意を払ってくれた.」「X企業の従業員は，いつもあなたを助ける.」などである．実際には，当該サービスの品質測定項目をきちんと定める上では別途の探索や検証が必要であるが，まずはこれらの項目の実現値と照らし合わせれば，レベル3にある顧客の認識それぞれが何を意味し，またどの程度満たせているかの手掛かりが得られる．

(3)　サービスエクセレンスピラミッドの再考

図2.6の中央と右側では，レベル3は(b)望ましいサービスの水準以上という条件に限らず，その周辺の水準であれば，後者の感情面での見方で述べた，大切にされているという顧客の感覚がデライトにつながり得ることを表している．そのため，結果としてのデライトの領域が，レベル4の期待以上という対応だけを捉えた場合よりも広くなっている．

最後に，同様の枠組みでレベル1とレベル2についても位置付ける．図2.6の左側にある(c)予測サービスとは，当該サービスが実際に提供すると顧客が考えるサービス品質のことであり，通常，当該サービスの利用を選択した際には(a)妥当なサービスの水準よりも高いところにある．サービス提供者から顧客に対して適切な情報提供や約束が行われていれば，レベル1とレベル2の活動は(c)予測サービスの水準以上を実現することに対応し，それは満足という結果をもたらす．

2.3.3 エクセレントサービスとは

次に，エクセレントサービスについて図2.7を用いて説明する．図2.7の中央の三角形は，左隣のサービスエクセレンスピラミッドとの対比で，組織から顧客へと渡されるエクセレントサービスの位置付けを表したものである．

まず，JIS Y 23592では，エクセレントサービスは次のように定義される．

エクセレントサービス（excellent service）[*6]

カスタマーデライトにつながる卓越した顧客体験を実現するために，組織と顧客との間で果たされる，高いレベルのサービス提供を伴う組織のアウトプット[*7]

注釈1 高いレベルのサービス提供の例としては，サービスエクセレンスピラミッドの個別の優れたサービスの提供（レベル3）及び驚きのある優れたサービスの提供（レベル4）がある．

注釈1にあるように，ここでの高いレベルのサービス提供例が，サービスエクセレンスピラミッドにおけるレベル3とレベル4である．ただし，エクセレントサービスによる顧客満足も保証するには，レベル1とレベル2に対応した基本的サービスも欠かせない．そのため，上記の定義では“高いレベルのサービス提供を伴う”としているし，図2.7でも，総体としてのエクセレントサービスは，この基本的サービスを内包するものとして定義されている．

図2.7の右側には，顧客満足とカスタマーデライトが対比して書かれてお

---

*6 エクセレントサービスはそのままカタカナで表記することが多いが，日本語訳をあてるとすれば“優れたサービス”や“卓越したサービス”となる．ただし，Outstanding customer experienceも卓越した顧客体験と訳しており，同じであると紛らわしくなるため，日本語で柔らかく述べるときには優れたサービスと表記したい．

*7 ISO 23592及びISO/TS 24082では，ISO 9000での用語定義を踏襲し，サービスをプロセスではなくアウトプットとして一旦は定義している点に注意されたい．

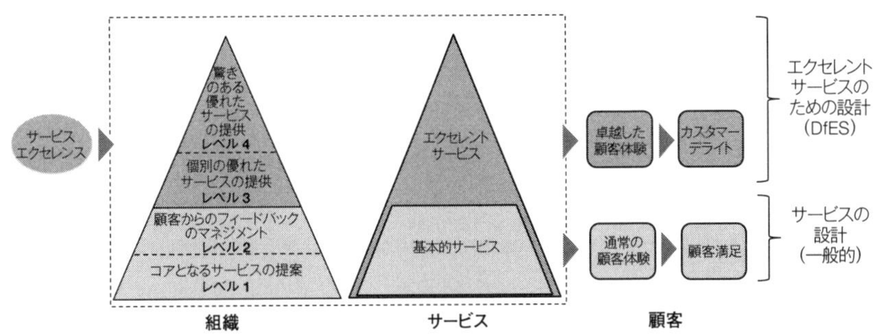

図 2.7　サービスエクセレンスピラミッド（左）とエクセレントサービス（中央）（JIS Y 24082 を基に作成）

り，これはこれまでも述べてきたとおりである．その左隣には，“通常の顧客体験”（usual customer experience）と“卓越した顧客体験”（outstanding customer experience）が来ている．

顧客体験とは，顧客がサービスや製品を使用した際に発生する認識であり，それ自体は良し悪しを述べたものではない．そのため，顧客満足に対応する要素として“通常の顧客体験”とした．これに対して，“卓越した顧客体験”は，JIS Y 23592 では“通常の顧客体験よりもはるかに優れている顧客体験”と定義されており，レベル 3 やレベル 4 の説明で述べたように，感動，驚き，喜びの感情につながる認識である．

以上のエクセレントサービスの定義と整理は，日本提案によるものである．また，これとほぼ同様の整理が，JIS Y 23592 の箇条 4 で解説するサービスエクセレンスの効果の連鎖にも反映されている．

エクセレントサービスという用語は，DIN SPEC 77224 でも CEN/TS 16880 の中でも用いられてきたが，サービスエクセレンスとの関係やレベル 1，レベル 2 との関係は必ずしも明示されていなかった．これに対して，ISO/TC 312 への参画を決めた 2017 年頃，日本国内では提供物としてのエクセレントサービス，及びそれをどのように生み出していくかを中心に議論しており，またその規格開発の主導をねらいに置いていた．これは，設計に関するガイドラインは産業的な影響が大きいという理由のほか，サービスエクセレンスを日本語に訳しづらいこと，ハイ・サービス日本300選や日本サービス大賞などで優れたサービスという表現が既に日本国内に浸透していたことなども一因であろう．

いずれにせよ，日本からISO/TS 24082のNP提案をする際に準備した図2.7の原型に対して参加国の同意が得られたことは，その後の活動を進めていく上で非常に大きかったと思う．

更に，図2.7の最も右側にある“エクセレントサービスのための設計(DfES)”と“サービスの設計（一般的）”は，これまでの議論の上でJIS Y 24082の適用範囲を示したものであるが，これらはJIS Y 24082の3.3及び箇条4で詳述する．

2.3.4　共創に関するねらい

2.1.3項（25ページ）で述べた，学会等を起点とした日本のサービス標準化の動きは，ISO 9001でのサービス品質管理における価値共創の概念の不在を契機としていた[1)]．ISO 9001の最新版は，サービスも対象として含んでおり，サービスの提供品質の管理にも適用できるとされている．ただ，サービスによって生み出される価値は，サービスの提供者側から受容者に向けて一方的に提供されるものではなく，サービスの受容者（顧客）が協力・参加して提供者と共に創り出していく（共創）ものである．これは，設計に限らず，サービスの利用全般にわたることである．

2.1.3項で述べたサービスのQ計画研究会は，この価値共創の考え方を整理し，書き下して，その上で，共創型の優れたサービスの品質管理のプロセス標準を日本発で新たに開発しようという動きであった．この共創により創出される価値が多くを占める優れたサービスこそ，当時日本が考えたエクセレントサービスであった．

この考え方は，その後にサービス標準化委員会が策定した規格によって明記され，日本のISO/TC 312への参画に引き継がれるとともに，サービス標準化委員会の規格を基に作成されたJSA-S1002の内容にも強く表れている．更に，JSA-S1002 にある共創環境では，価値共創を偶然のみに頼るのではなく，共創が促進される環境を準備し，その可能性を高めていくことが重要視されている．

一方，2017 年の第 2 回サービス標準化フォーラムの報告にも示されているように，CEN/TS 16880 には，優れた価値を生み出す価値共創の枠組みや顧客リソースの活用という視点が十分に備わっていないし，その意識もあまりないとのことであった[1)]．そのため，従来のサービスエクセレンス標準に価値共創の枠組みを取り入れることが，当時最も期待される日本の貢献であった．

結果からすれば，今回発行された JIS Y 23592 においても価値共創の考えが多く取り入れられたものにはなっていない．共創（co-creation）という用語こそ JIS Y 23592 の 3.3 にあり，本文にも何度か登場するものの，限定的である．既に CEN/TS 16880 という土台があったこと，また提供側の組織能力に注目した規格であることも関係しており，最初の国際標準化では，この点での貢献は難しかった．

これに対して，新たに提案・策定された JIS Y 24082 は，JIS Y 23592 で規定された一側面をより詳しくしたものであるが，単なる詳細化に留まらず，価値共創の考え方に基づいた拡張を随所で行っている．第 4 章の序文及び 5.6 の解説で説明するように，ISO/TC 312 及び WG 2 内での国際的な議論によって日本提案の全てが受け入れられたわけではないものの，共創を取り入れた数少ない国際規格になっている．

引用・参考文献

1) 持丸正明，戸谷圭子：サービスの国際標準動向，サービソロジー，Vol.4, No.3, 2017
2) 蒲生秀典：新たな価値創造“サービスエクセレンス”の国際標準動向―ものづくりのサービス化の観点から―，STI Horizon, Vol.4, No.1, 2018
3) 戸谷圭子，①サービスエクセレンスとは―サービス標準化に向けて―（小特集サービスエクセレンス），情報処理，Vol.59, No.5, pp.412–415, 2018
4) 持丸正明：サービス標準化世界の現状と日本の課題～連載第1回　サービス標準の活性化とJIS改正，アイソス，No.251（2019年10月号），2018
5) 水流聡子：サービスエクセレンスの国際標準化動向と日本の取組み～連載第1回　なぜサービスエクセレンスの国際標準が開発されることになったのか，アイソス，No.263（2019年10月号），2019
6) 原辰徳：エクセレントサービス設計の考え方と国際標準づくり，標準化と品質管理，Vol.73, No.6（2020年6月号），pp.21–32, 2020
7) 原辰徳：優れたサービス組織とサービスを生み出す国際標準づくり，ていくおふ，No.163, pp.23–32, 2021
8) 特集　サービスエクセレンスの国際規格発行，アイソス，No.284（2021年7月号），2021
9) 藤本隆宏：生産マネジメント入門＜1＞生産システム編（マネジメント・テキスト），日本経済新聞社，2001
10) 狩野紀昭，瀬楽信彦，高橋文夫，辻新一：魅力的品質と当り前品質．品質 14(2)，pp.147–156, 1984
11) 椿広計：日本品質管理学会の新たな価値創生への取り組み，横幹，Vol.12, No.2, pp.113–118, 2018
12) 山本昭二，国枝よしみ，森藤ちひろ（編著）：サービスと消費者行動，千倉書房，2020
13) クリストファー・ラブロック，ローレン・ライト（著），小宮路雅博（監訳）：サービスマーケティング原理，白桃書房，2002

第3章　JIS Y 23592の逐条解説

本章では，ISO/TC 312/WG 1で策定されたISO 23592の対応規格であるJIS Y 23592について解説する．本規格は，組織能力としてのサービスエクセレンスのマネジメント[*1]，いわば優れたサービスを生み出す組織の要件をまとめたものであり，2015年に策定された欧州規格CEN/TS 16880 "Service excellence—Creating outstanding customer experiences through service excellence" が基になっている．大まかな構成は同じであるが，CEN/TS 16880から何が改訂されたのか，WG 1での議論を紹介しながら解説していく．

なお，本書では，JIS Y 23592の図表は転載しておらず，解説向けにつくりなおしたものを掲載している．この都合上，規格本文中で参照される図表番号が本書での図表番号にどう対応するかについて，各解説の冒頭で記している．

この規格の構成は次のとおりである．

序文
1　適用範囲
2　引用規格
3　用語及び定義
4　サービスエクセレンスの重要性及び便益
5　サービスエクセレンスの原則
6　サービスエクセレンスモデル
7　サービスエクセレンスモデルの要素
7.1　サービスエクセレンスのリーダーシップ及び戦略
7.2　サービスエクセレンス文化及び従業員エンゲージメント
7.3　卓越した顧客体験の創出
7.4　運用面でのサービスエクセレンス
参考文献

[*1] 本書ではmanagementをマネジメントと表記する．ただし，限定した意味を表すと判断した場合には，管理，運営又は経営のいずれかをあてる．

序文

序文

この規格は，2021年に第1版として発行された **ISO 23592** を基に，技術的内容及び構成を変更することなく作成した日本産業規格である．

なお，この規格で点線の下線を施してある参考事項は，対応国際規格にはない事項である．

現在の競争の激しい世界における顧客の期待は，変化し，常に進化している．今日のグローバル化，デジタル化，並びに製品及びサービスの多様化は，顧客により多くの選択の自由をもたらしている．全ての購入に加えて，全ての顧客との接点は，真実の瞬間である．

多くの組織は，顧客をビジネスの中心に置くと主張する．ただし，競争の激しい市場では，顧客及び提供する体験を中心に組織全体をマネジメントすることが不可欠である．これを行う組織は繁栄する．顧客が期待する基本的な製品及びサービスを提供するだけでは，顧客満足の最適な提供を実現することは不可能である．成功し，競合他社の一歩先を行くためには，卓越し，差別化した体験の提供によって顧客にデライトをもたらすことが不可欠である．これがサービスエクセレンスの目標である．

この規格では，卓越した顧客体験を創出するための原則，要素，及び要素に対する項目について規定する．サービスエクセレンスを実装するための基本的な基盤は，サービスエクセレンスピラミッドの二つの下位レベルである（**図1** 参照）．レベル1及びレベル2は，顧客の期待に応え，約束を果たすことを意味する．これが顧客満足につながる．コアとなるサービスの提案（レベル1）は，約束を果たすことで顧客に認識される．顧客からのフィードバックのマネジメント（レベル2）は，問題及び質問への適切な対処につながる．これらは，**JIS Q 9001**，**JIS Q 10002** 及び **JIS Q 20000-1** などの規格に規定されている．この規格では，次に示す上位レベルを扱う．

— 個別の優れたサービスの提供（レベル3）

— 驚きのある優れたサービスの提供（レベル4）

注記　“コアとなるサービスの提案”とは，顧客の期待に応える部分である．なお，“コア”という用語を用いているが，その対比で，サービスエクセレンスが目指すレベル3及びレベル4が周辺的な要素であることを意味する訳ではない．

これら二つのレベルは，顧客との感情的なつながりを構築し，カスタマーデライトにつながる．これはビジネスに対して，強いブランドイメージ，新規・既存顧客への魅力，及び競争上の差別化という影響を与える．

個別の優れたサービスの提供（レベル3）は，温かく，本物の，個人向けの，オーダーメイドの価値創出として顧客に認識されるサービスをもたらす．顧客は大切にされていると実感することで感動を覚える．

驚きのある優れたサービスの提供（レベル 4）は，オーダーメイドのサービスをもたらし，驚き及び喜びの感情につながる．驚きのある優れたサービスの提供は，顧客の期待を超えることで実現される．顧客の期待を超えることは，予想外の卓越した顧客体験を提供することで達成可能である．ただし，カスタマーデライトの達成のためには，様々なアプローチが用いられる可能性がある．

サービスエクセレンスピラミッドは，組織がなぜ約束を達成すること（レベル 1 及びレベル 2），及び優れたサービスの提供によって顧客の期待を上回ること（レベル 3 及びレベル 4）の両方に焦点を合わせる必要があるのかを，管理者及び従業員に説明するために活用することが望ましい．

■解　説

本文の図 1 は，本書の図 2.4（36 ページ）にあたる．

第 3 段落にある真実の瞬間（the moment of truth）とはサービスマーケティングでよく使われる用語であり，顧客の心に残る印象を与える機会のことである．第 4 章の JIS Y 24082 の 5.5.3 の顧客接点でも言及されている．

第 4 段落では，ビジネス（サービス）を顧客中心にするだけでなく，顧客体験にも注目すること，及びそれらに基づいて組織全体をマネジメントすることの重要性が述べられている．そして，サービスエクセレンスの目標として，従来の顧客満足に置き換わるカスタマーデライトの実現が述べられている．

その後，図 2.4 のサービスエクセレンスピラミッド及び既存規格との関係の説明が続くが，これらは第 2 章の 2.3.1 項（32 ページ）を参照されたい．なお，JIS Q 9001 は「品質マネジメントシステム―要求事項」，JIS Q 10002 は「品質マネジメント―顧客満足―組織における苦情対応のための指針」，JIS Q 20000-1 は「情報技術―サービスマネジメント―第 1 部：サービスマネジメントシステム要求事項」であった．

ただし，下線で示される“コアとなるサービスの提案”についての注記は，JIS 原案作成委員会での意見を踏まえ，JIS Y 23592 で加えたものであり，第 2 章では説明しなかった．

サービスマーケティング分野の古典研究に，フラワー・オブ・サービスと呼ばれる，中心的便益をもたらすコア要素とそれを取り囲む補足的要素（周辺的要素）によってサービスを表現したモデルがある．顧客満足を目標に考えればレベル1は中心的便益にあたるかもしれないが，サービスエクセレンスピラミッドはレベル3とレベル4の実現によるカスタマーデライトを目標としており，便益の捉え方が異なるため，そのモデルとは異なる．

序文（続き）

この規格は，重要な用語を定義し，関連する原則を説明し，サービスエクセレンスのモデルを構築する．この規格は，サービスエクセレンスモデルの重要な要素をより詳細に扱う個別規格のための，包括的な枠組みを提供するものである．

— **JIS Y 24082**は，エクセレントサービスの設計の原則及び活動を規定している．これは，サービスエクセレンスモデルの側面である“卓越した顧客体験の創出”の要素を規定するものであり，この規格の**7.3**に関連している．
— **ISO/TS 23686**[1)]は，サービスエクセレンスのパフォーマンスの測定に使用することが可能な，適切な内部及び外部の一連の指標及び方法を提供する．これは特に，卓越した顧客体験及びカスタマーデライトへの影響力及び実質的効果の測定に使用することが可能である．この技術仕様書はサービスエクセレンスモデルの全ての側面を網羅しており，この規格の**7.4**に関連している．

注[1)] 開発中．発行段階のステージ：**ISO/WD TS 23686**:2021

■解　説

JIS Y 23592の主要コンテンツは二つある．原則を含めたサービスエクセレンスの概念と基本的事項，及びサービスエクセレンスモデルに沿った様々な組織活動である．そのため，ISO/TC 312内部で議論をする際には，基本規格（basic standard）と呼称することが多かった．

本文にて個別規格と示されるものも同様で，卓越した顧客体験の創出の側面に特化したISO/TS 24082を設計規格（design standard），各側面で示されるサービスエクセレンスのパフォーマンスに注目したISO/TS 23686（予定）を測定規格（measurement standard）と，時に呼称していた．

1　適用範囲

1　適用範囲

この規格は，卓越した顧客体験及び持続可能なカスタマーデライトを実現するためのサービスエクセレンスの用語，原則及びモデルについて規定する．この規格は，基本的な顧客サービスの提供ではなく，エクセレントサービスの提供に焦点を当てている．

この規格は，営利組織，公共サービス及び非営利団体といった，サービスを提供する全ての組織に適用することが可能である．

注記　この規格の対応国際規格及びその対応の程度を表す記号を，次に示す．

ISO 23592:2021，Service excellence—Principles and model（IDT）

なお，対応の程度を表す記号“IDT”は，**ISO/IEC Guide 21-1** に基づき，“一致している”ことを示す．

■解　説

2.3.1 項（32 ページ）で解説したように，サービスエクセレンスを実現するためには，サービスエクセレンスピラミッドに示される，コアとなるサービスの提案（レベル 1）及び顧客からのフィードバックのマネジメント（レベル 2）という基盤となる能力に加え，個別の優れたサービスの提供（レベル 3）及び驚きのある優れたサービスの提供（レベル 4）という能力が必要となる．そのうち，この規格は，特にレベル 3 及びレベル 4 の組織能力において求められる原則及びモデルを規定している．

ここでのモデルとは箇条 6 のサービスエクセレンスモデルのことであり，4 側面と 9 要素で構成される．非常に多方面にわたり，またハイレベルの内容も含まれるため，全部を適用しなければと身構える必要はない．まずは各側面と要素の概要を理解した後，そこに紹介されている活動をチェックリストとして活用してみるような使い方がよい．

第 1 章でも述べたように，製造業も本規格の対象読者である．製造業が手がけるサービスは，狭義には製品に関わるプロモーションやアフターサービス，広義には製品を活用したソリューションサービスや知識・技術を活かしたコンサルティングなど様々である．本規格を，企業の経営陣が一層の“製造業のサービス化”に向けた組織全体の変革に用いるほか，そうしたサービスに関わる一部署が自ら率先して活用していくこともできる．

2　引用規格

2　引用規格
この規格には，引用規格はない．

■解　説

上記のとおり，この規格には引用規格はない．

3　用語及び定義

本箇条では，ISO や JIS の他規格からの引用も含めて 15 の用語が定義されている．規定する用語は次の a)～c) の概念に分類して記載されている．ISO/DIS 23592 の時点では，アルファベット順に記載されていたが，日本から用語及び定義は概念順に記載するのが望ましいという意見を提出し，それが採用されたものである．

a)　この規格の核となる概念　3.1，3.2

b)　顧客に関連する用語　3.3，3.4，3.5，3.6，3.7，3.8，3.9

c)　サービス提供に関する用語　3.10，3.11，3.12，3.13，3.14，3.15

3.1
サービスエクセレンス（service excellence）
エクセレントサービスを一貫して提供するための組織の能力
注釈 1　能力は，サービスエクセレンスモデル及びその相互作用の四つの側面及び九つの要素を反映している．

3.2
エクセレントサービス（excellent service）
カスタマーデライトにつながる卓越した顧客体験を実現するために，組織と顧客との

間で果たされる高いレベルのサービス提供を伴う組織のアウトプット

注釈 1　高いレベルのサービス提供の例としては，サービスエクセレンスピラミッドの個別の優れたサービスの提供（レベル 3）及び驚きのある優れたサービスの提供（レベル 4）がある．

■解　説

CEN/TS 16880 でのサービスエクセレンスの定義は「卓越した顧客体験を一貫して提供するための組織の能力」であり，エクセレントサービスの用語を含めた定義ではなかった．2.3.3 項（42 ページ）でも述べたように，今回の国際規格化を通じてエクセレントサービスが何であるか明確になったため，上記 3.1 の定義に更新された．

3.2 の“excellent service”は直訳すると“優れたサービス”ではあるが，一つの概念としてこの用語を用いるという意図から，“エクセレントサービス”と訳した．作業原案では，“高いレベルのサービス提供を伴う”の部分を，図 2.4（36 ページ）で明示されるレベル 3 とレベル 4 に従い，“個別の優れたサービスと驚きを伴う優れたサービスを伴う”として書き下していた．

対して，「これらがカスタマーデライトにつながる全てでないため，“高いレベルのサービス提供”と修正すべき」との提案がフランスから出された．これを受け，本文はあくまで“高いレベル”と一般化しておき，その具体例がレベル 3 とレベル 4 であることは注釈で示すことになった．

なお，このエクセレントサービスの用語定義は元々，ISO/TS 24082 の作業原案にあったが，サービスエクセレンスと並ぶ重要な用語であるため，ISO 23592（すなわち，JIS Y 23592）にも用語定義を記載することになった．

3.3

共創（co-creation）

サービスの設計，提供及びイノベーションにおける利害関係者の積極的な関与

注釈 1　共創は，利害関係者の積極的な関与というプロセスに加えて，その結果としての価値創出までを含む場合がある．

■解　説

注釈 1 は対応国際規格にはないものであり，JIS Y 24082 の 3.4 の解説（123 ページ）を参照されたい．

3.4

顧客（customer）

個人若しくは組織向け又は個人若しくは組織から要求される製品・サービスを，受け取る又はその可能性のある個人又は組織

例　消費者，依頼人，エンドユーザー，患者，受益者，購入者

注釈 1　顧客は，組織の内部又は外部のいずれでもあり得る．

（出典：**JIS Q 9000**:2015 の **3.2.4** を変更）

■解　説

JIS Q 9000 からの変更点であるが，JIS Q 9000 の顧客の例にある“小売業者，内部プロセスからの製品又はサービスを受け取る人”が削除され，代わりに医療サービスなどにも適用できることを示すよう“患者”が追記されている．

3.5

カスタマーデライト（customer delight）

非常に大切にされている若しくは期待を超えているという強い感情，又はその両方に由来する，顧客が体験するポジティブな感情

注釈 1　驚きのような感情がより強くなると，カスタマーデライトは更に高まる．

■解　説

カスタマーデライトについては 2.3.1 項（32 ページ）で解説した．“customer delight”は直訳すると“顧客の喜び”ではあるが，“喜び”とすると“pleasure”との区別がつかず，哲学的なところは説明ができても適訳をあてることが難しいことから，“カスタマーデライト”と訳した．このように一語でつなげることで，一つの概念としてこの用語を用いることが可能である．

3.6
顧客体験（customer experience）
組織，組織の製品又は組織のサービスとの相互作用についての顧客による認識
注釈 1 相互作用は，カスタマージャーニー，又は組織，組織の製品，システム，サービス若しくは関連するネットワークとの関係の全体に関連している．相互作用は，組織に直接的に関連する場合もあれば，間接的に関連する場合もある．顧客が製品，システム又はサービスを使用している場合，それは各相互作用のユーザー体験として呼ぶことが可能である．

3.7
卓越した顧客体験（outstanding customer experience）
通常の顧客体験よりもはるかに優れている顧客体験

■解　説

顧客体験とは顧客がサービスなどを使用した際に発生する認識であり，これそのものは良し悪しを述べたものではない．一方，卓越した顧客体験は，サービスエクセレンスピラミッドのレベル3やレベル4にあるように，感動，驚き，喜びの感情を伴う認識であり，良い，優れているという方向性を含む．

原文の customer experience を顧客体験と顧客経験のどちらに訳すかであるが，経験には行為によって得た知識や技能などの意味合いが含まれるため，サービスを通じて体感する知覚や印象をより想起しやすい体験を採用した．

3.8
カスタマージャーニー（customer journey）
組織，組織の製品又は組織のサービスと関わる際の一連の顧客体験又は顧客体験の合計
注釈 1 “一連”は，プロセスに基づくものであり，“合計”は，結果に基づくものである．

■解　説

カスタマージャーニーは，サービスを対象としたマーケティングとデザインの分野でよく使用される用語である．そのため，顧客体験と並び，両分野の取組みを橋渡し統合していく上で重要な対象である．顧客体験は漢字，カスタマージャーニーはカタカナ表記の違いに違和感があるかもしれないが，実務で浸

透しているカタカナ表記を用いる.

一般的な表現で簡単に言い換えると，顧客が商品やサービスを知り，購入し，利用し，終了するまで一とおりのプロセスにおける顧客体験のことである. このプロセスには，顧客の行動，思考，感情，商品やサービスとの接点など，顧客体験に関わる様々な要素が含まれる.

注釈にある“一連の顧客体験”とは，複数種類の顧客体験の順番や組合せなどに注目した言い方であり，“合計”とは，同一種類の顧客体験が積み重なった結果（例えば，各箇所での待ちによる不満の総和）に注目した言い方である.

なお，このカスタマージャーニー自体はあくまでも顧客体験に関する概念であって，JIS Y 23592やJIS Y 24082に登場するカスタマージャーニーマップとは別もの，つまりグラフィカル表記方法や書き方を含むものではない点に注意されたい.

3.9
満足（satisfaction）
期待が満たされている程度の認識
（出典：**JIS Q 9000**:2015の**3.9.2**を変更）

■**解　説**

カスタマーデライトとの対比での満足概念である. JIS Q 9000では顧客満足（customer satisfaction）として用語定義がされていたが，ここでは単に満足になっており，顧客という主体を明示していない.

3.10
サービス（service）
組織と顧客との間で必ず果たされる，少なくとも一つの活動を伴う組織のアウトプット
（出典：**JIS Q 9000**:2015の**3.7.7**を変更）
3.11
サービス提供（service provision）
サービスを送り届け，マネジメントすること

（出典：**ISO 41011**:2017 の **3.1.2** を変更）

■解 説

JIS Q 9000 を引用し，サービスをアウトプット（結果）として定義している．元々の注釈は掲載しなかったため，“JIS Q 9000:2015 の 3.7.7 を変更”としている．なお，3.10 の定義とは別に，サービスをアウトプットではなくプロセス（過程）としてみる見方もある．サービスの共創的側面を捉えようとする JIS Y 24082 では，プロセスの見方が適している箇所も一部あるが，基本規格と整合するように 3.10 の定義を用いている．

サービス提供には，サービスを送り届ける（delivery）ことだけでなく，そのマネジメントも複合されている．これは，サービスエクセレンスピラミッドのレベル 3 とレベル 4 にも当てはまる．delivery の訳について補足すると，サービスの提供プロセス（service delivery process）など，こちらも“提供”があてられることが多い．

ただし，ここでは複合的な意味をもつ provision を提供と訳すことを優先したため，delivery を“送り届ける”ことと訳した．参考までに，出典にある ISO 41011:2017（Facility management—Vocabulary）の 3.1.2 では，“サービス提供”ではなく，“内部サービス提供”（internal service provision）として用語定義されている．

3.12

サービスエクセレンスのビジョン（service excellence vision）

サービスエクセレンスを達成するために組織がどのようになりたいかについての願望

3.13

サービスエクセレンスのミッション（service excellence mission）

サービスエクセレンスのビジョンを実現する方法に関する組織のコミットメント

3.14

サービスエクセレンスの戦略（service excellence strategy）

到達点を実現するために，サービスエクセレンスのビジョン及びミッションを堅実な原則，目標及び行動に置き換えること

■解　説

サービスエクセレンスに関する用語として定義しているものの，ビジョン，ミッション，戦略の一般的な定義を踏襲している．具体的な内容は 7.1.1（72 ページ）を参照されたい．

3.15

従業員エンゲージメント（employee engagement）

従業員が組織にコミットし，自分の仕事に熱意を感じ，自らの判断で努力する程度

注釈 1　エンゲージメントが高い従業員は，顧客及び組織に対して期待されている以上のことを行うように動機付けられている．

■解　説

従業員エンゲージメントを端的に表す日本語がないため，JIS Y 23592 でもエンゲージメントとそのまま表記している．また，注釈 1 の内容は，2.3.2 項及び図 2.5（36 ページ及び 38 ページ）で述べた表現“go the extra mile”と近く，顧客だけでなく組織に対して向けられた熱意と努力を含んでいる．

4 サービスエクセレンスの重要性及び便益

> **4 サービスエクセレンスの重要性及び便益**
>
> 今日のサービス組織にとって最大の課題の幾つかは，顧客の需要，ニーズ及び期待の高まり並びに顧客ロイヤルティの低下である．顧客のニーズ及び期待が拡大するにつれて，組織はカスタマージャーニーのあらゆる顧客接点でイノベーションを用いて，その体験の最適化に集中することが望ましい．サービスは，顧客及びその他の全ての利害関係者との共創によって，継続的かつ一貫して改善されることが望ましい．
>
> サービスエクセレンスとは，個別の優れたサービス及び驚きのある優れたサービスの提供によって顧客にデライトをもたらす卓越した顧客体験の創出を可能にするアプローチを指す．したがって，サービスエクセレンスは顧客ロイヤルティの強化につながり，結果的にビジネスの成功を向上させる．
>
> この原因及び効果の連鎖を，**図 2** に示す．

■解　説

本文の図 2 は，本書の図 3.1 にあたる．

箇条 4 では，組織がなぜサービスエクセレンスを実装することが重要なのか，またその便益とは何かということを，サービスエクセレンスの効果の連鎖（service excellence effect chain）（図 3.1）を用いて示している．

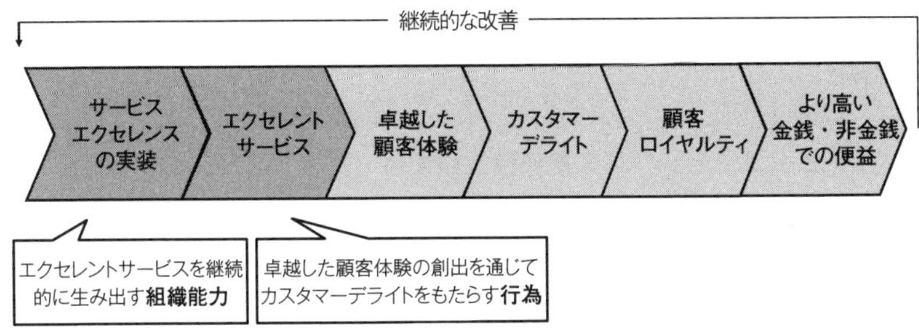

図 3.1　サービスエクセレンスの効果の連鎖（JIS Y 23592 を基に作成）

2.1.4 項（27 ページ）で述べたサービスエクセレンスの表の競争力／裏の競争力，及び 2.3.3 項の図 2.7（43 ページ）の観点でみると，この効果の連鎖が表すところを理解しやすい．まず，サービスエクセレンスという組織能力（裏の競争力）を発揮し，エクセレントサービス（表の競争力）に変換して顧客に届ける．これにより，卓越した顧客体験とカスタマーデライトがもたらされる．

繰り返しになるが，これらは従来の顧客満足よりも顧客ロイヤルティが高まる効果があるとされる．顧客ロイヤルティを高めることは，サービスの利用継続，他者への推奨，再購買，及び離脱率の低下などにつながる．結果として，当該組織にとってより高い金銭的・非金銭的な便益がもたらされる．

同図中の吹き出しは，混同しやすいサービスエクセレンスとエクセレントサービスの違いを改めて理解するために追記したものである．また，もたらされた便益を基に，サービスエクセレンスの実装やエクセレントサービスの絶え間ない改善が行われるというフィードバックも示唆されている．

この効果の連鎖は，CEN/TS 16880 にも存在していた．ただし，同図よりも複雑で，サービスの研究分野でよく知られるサービスプロフィットチェーン（service profit chain）のように，従業員の熱意とカスタマーデライトの相互影響による部分フィードバックを含む形で示されていた．当初はそれが ISO 23592 の作業原案にそのまま掲載されていたが，規格本文では図に触れる程度であったこともあり，従業員と顧客の視点の混在が理解を難しくするという点が WG 1 内で指摘された．そこで，実務に携わる多くの読者が直感的に理解できるように一直線に改訂したものが同図であった．

4　サービスエクセレンスの重要性及び便益（続き）

サービスエクセレンスは，継続的なプロセスであり，人，インフラストラクチャ及び調査・研究への投資を必要とする．組織は，この投資から様々な形で便益を得ることが可能であり，例えば，次に示すような便益が考えられる．

— 競争上の差別化
— 顧客中心に対するより高い評判
— 顧客選好
— 長期的な顧客関係の構築及び強化（継続，推奨及び再購入を高め，解約率を低下させる．）
— 長期的なコスト節約の可能性（例えば，失敗コストの削減，販売への転換の容易化及び新規顧客を獲得するための広告費用の削減）

— 優れた雇用主ブランド（採用機会の向上，スタッフのエンゲージメントレベルの向上及び従業員の定着率の向上につながる.）
— 顧客の協力及びエンゲージメントの向上
— 積極的なブランド認知を含むブランド力
— 請負業者とのネットワークのマネジメントの支援
— 企業の効率性の向上
— 組織の機敏性の実装

■解　説

“顧客中心”（customer centricity）については，JIS Y 24082 の 3.11（126 ページ）を参照されたい．顧客選好とは customer preference の訳であり，ここでは自組織のブランドやサービスに対する顧客の選好を意味する．スタッフのエンゲージメントは，従業員エンゲージメントと同等と考えてよい．また，カスタマーデライトを目標とした取組みはコスト増につながると一般に思われるであろうが，長期的にみればコスト削減の可能性があることも述べられている．

5　サービスエクセレンスの原則

5　サービスエクセレンスの原則

サービスエクセレンスの原則には，次の事項が含まれる．

a）**外部視点を取り入れた組織運営**　組織は，顧客の視点から望まれる体験を設計することが望ましい．設計の完了後，資源及びプロセスを顧客中心の観点で，継続的に調整することが望ましい．

b）**顧客との関係の深化**　組織は，優れたレベルでの個々の個人化を目指して努力し，顧客との関係全体を通じて顧客のニーズ及び期待に焦点を当てることが望ましい．継続的なコミュニケーションによって，強い関係を促進することが可能であり，これは，顧客の望むやり取りのレベルを反映することが望ましい．

c）**違いを生む人々**　カスタマーデライトを達成するために，パートナーを含む組織の全員のエンゲージメントが非常に重要である．

注記　パートナーは，提携先だけでなく請負業者も含む，より広義の意味の用語として使用している．

d）**顧客，従業員，請負業者及びその他の利害関係者へのバランスの取れた配慮**　顧客，従業員，請負業者及びその他の利害関係者は重要であり，組織はそれら全てにバランスの取れた配慮をすることが望ましい．

e）**機能別管理アプローチ**　組織は，統合された機能別管理アプローチを用いてカスタマージャーニーと向き合うことが望ましい．

f）**技術の活用**　スタッフ，顧客及びパートナーにとって卓越した顧客体験を創出するために，適切な技術を用いることが望ましい．

注記　スタッフは，従業員，管理者，外部協力者などのサービス提供に関わる要員を含む，広義の意味の用語として使用している．

g）**利害関係者のための価値の創出**　サービスエクセレンスを実装することは，利害関係者に持続可能な付加価値をもたらす．利害関係者との共創は，価値を高めるために用いられることが望ましい．価値は，金銭的でも非金銭的でもあり得る．

■解　説

箇条5では，サービスエクセレンスの七つの原則を規定している．これらは，サービスエクセレンスの実践における基本的な考え方を表すものであるため，要求事項（shall，～しなければならない）ではなく，推奨事項（should，～することが望ましい）とした．大半はCEN/TS 16880で既に示されていたものであるが，一部修正が加えられている．ISO 23592の原文とともに，以下に示す．

“a）外部視点を取り入れた組織運営”（managing the organization from outside-in）では，CEN/TS 16880 と比較すると，“顧客中心の観点で”（in the sense of customer centricity）が説明に付け加わっている．

この原則に限った話ではないが，WG 1 の場では“顧客中心”を要所要所に書き込む提案がたびたびフランスからあった．これは，産業界からの強い関心をより集めていく上では，サービスエクセレンスとも関わりが深く，訴求力あるキーワードを入れ込んでいくことが効果的ではないかという提案であった．

“b）顧客との関係の深化”（deepening customer relationships）については，CEN/TS 16880 では元々 customer intimacy であったが，それが WG 1 の中で customer attentiveness に一旦変更され，最終的には上記に落ち着いた．customer intimacy も customer attentiveness も専門用語であるが，誤解を生みやすい単語である点，また係り受け関係がわかりにくい点（“顧客の～”なのか“顧客に対する～”なのか）から言い換えられた．説明には変更がない．

“c）違いを生む人々”（people make the difference）は，CEN/TS 16880 から変わりないが，JIS Y 23592 でパートナーについての注記を追加しており，次の d）の改訂も考慮した上で，請負業者を明示している．

“d）顧客，従業員，請負業者及びその他の利害関係者へのバランスのとれた配慮”（balanced attention to customers, employees, subcontractors and other stakeholders）では，CEN/TS 16880 にあった partners が subcontractors and other stakeholders に言い換えられ，請負業者とその他の利害関係者と明確にしている．

“e）機能別管理アプローチ”（cross-functional management approach）は，CEN/TS 16880 では integrated approach in order to deliver outstanding customer experience との原則であったが，部門横断に焦点を当てた直接的な表現に変わった．

品質管理及び TQM に倣い，“機能別管理”と訳したが，ここでの“機能”は，実施部門ごとの縦割りではない共通要素（品質，納期など）を意味しており，機能別管理は，実施部門間に横串を通して定められた目標を達成する取組みである．もしも機能別管理に馴染みがない場合には，“部門横断的なマネジメント”などと読み替えるのがよい．

次は“f) 技術の活用”（leveraging of technology）である．ISO/TC 312でのサービスエクセレンスの標準化は，旧来の対面中心サービスとそのマネジメントに限定したものとみられることがある．しかしながら，実際にはそれに限定せず，この原則にあるように，インターネット，センサ，デジタル技術などを積極的に活用した取組みも含めて，優れたサービスに共通する事項をまとめた標準をつくろうとしている．

事実，DIN SPEC 77224やCEN/TS 16880が審議されてきたここ10年の間に，センサやデジタル技術による様々なサービスの進展を私たちは目の当たりにしてきた．その意味からすると，箇条6以降の組織活動に具体的な技術名やトレンドをより多く記載していくことも可能であったが，技術の進展は非常に早く，またトレンドの流行廃りがある．WG 1において，5年後10年後も使える普遍的な規格を目指していることを確認し，このシンプルな原則に多くを込めることになった．なお，下線の注記はJIS Y 23592で追加したものであり，これも他と同様にスタッフが表すものを補助している．

“g) 利害関係者のための価値の創出”（create value for stakeholders）は，CEN/TS 16880と比較すると，説明冒頭のdelivering service excellenceがimplementing service excellenceと変更になった．この言葉遣いは図3.1（59ページ）に示したサービスエクセレンスの効果の連鎖での表現と合致する．

6　サービスエクセレンスモデル

> **6　サービスエクセレンスモデル**
> サービスエクセレンスモデル（**図 3** 参照）には，卓越した顧客体験及びデライトにつながる九つの要素からなる四つの側面が含まれている．
> カスタマーデライトを永続的に達成するという目標は，このモデルの中心にある．この四つの側面及び九つの要素は，同等で実施の順序はないが，理想としては，まずサービスエクセレンスの戦略を整えることが望ましい．

■解　説

本文の図 3 は，本書の図 3.2（67 ページ）にあたる．

箇条 6 では，箇条 5 で規定した原則を心に留め，各組織が取り組むことが望ましく，卓越した顧客体験及びカスタマーデライトにつながる具体的な組織活動を，サービスエクセレンスモデル（図 3.2）として規定した．

サービスエクセレンスモデルでは，次の四つの側面が示される．

・サービスエクセレンスのリーダーシップ及び戦略

・サービスエクセレンス文化及び従業員エンゲージメント

・卓越した顧客体験の創出

・運用面でのサービスエクセレンス

同図の中心にはカスタマーデライトを永続的に達成するという目標が示されている[*2]．“永続的に”（permanently）はかなり強い表現であり，日本を含めたいくかの国からこの点についてコメントが出されたが，策定を主導したドイツの思いもあり，そのままとなった．同図内の括弧書きの数字は，対応箇条

[*2] ISO 23592 の委員会原案では，カスタマーデライトの円も四角で記され一体的に構成されていた．これに対して「サービスエクセレンスピラミッドを上空から眺めているようにみえるな」という冗談のような指摘が WG 1 内であった．そんなことないだろうと最初は思ったが，一度ピラミッドと認識してしまうと，外側の要素部分がレベル 1 とレベル 2 に，内側の側面部分がレベル 3 に，カスタマーデライトがレベル 4 に対応するようにみえるから不思議である．実際にはこのように理解する読み手は極めて少数であろうが，誤解を避けるためにカスタマーデライトの図形を円に変えピラミッド感が減らされている．

の番号を表している．運用面でのサービスエクセレンス（原文はoperational service excellence）がわかりづらい場合には，業務活動の効果・効率を徹底的に高め磨き上げることで競争上の優位性を構築するオペレーショナル・エクセレンス（operational excellence）との類推からを捉えてみるのもよい．また，九つの要素では，理想的にはサービスエクセレンス戦略から定めることが推奨されているが，これに関連して戦略が備えるべき内容と観点については，7.1.1 c)（72ページ）を参照されたい．

“サービスエクセレンスのリーダーシップ”の原文はservice excellence leadershipであり，サービスエクセレンスとの連語で定められている．同図にあるビジョン，ミッション，戦略，文化なども同様に連語であるが，JIS Y 23592では格助詞“の”を用いて補完することで一般的な表現にした（文化を除く）．ただ，これらは，サービスエクセレンスを“組織の能力”と捉えるだけだと違和感が残る．そこで，もう一つ覚えてもらいたいサービスエクセレンスに対する見方がある．それは，TQM，シックス・シグマなどと同様に，“目指すべき特定の方向性を示し，組織的な取組み又は全社活動を一段引き上げていく標語（スローガン）”としての使い方である．サービスエクセレンスを“カスタマーデライトの永続的な達成”のための標語と捉えることによって，“サービスエクセレンスのミッション”などが，どのような意味合いで使われているのか見当がつきやすくなる．

DIN SPEC 77224とCEN/TS 16880からのサービスエクセレンスモデルの変遷は興味深い．DIN SPEC 77224のモデルでは，「経営者のエクセレンスへの責任 → リソースのエクセレンス指向 → エラーと浪費の回避 → 重要な顧客体験の収集 → サービスイノベーションによるカスタマーデライト → デライトとその効果の測定 → 収益性分析 → 経営者のエクセレンスへの責任」というように，要素を円環状につないでいた．見出しだけみると，同図と大分異なっており，顧客体験やサービスの内容と結果が中盤に並んでいる．

CEN/TS 16880にあるモデルでは，「戦略面，文化面，イノベーション面，運用面」とまとめあげられ，同図に近いマネジメントを基本とした構成へと改訂された．モデルの図には要素間の相互関係を示唆する矢印が多く記されるとともに，全ての要素は卓越した顧客体験の創出を通してデライトを実現するとして中心に向かう構図になっていた．これは CEN/TS 16880 の副題 Creating outstanding customer experience through service excellence が示すとおりの構造であり，JIS Y 23592 で顧客体験の創出が一つの側面として再編成されたこととの大きな違いである．

なお，WG 1 においても，2018 年 11 月の作業原案では，顧客体験の創出の側面は“excellent digital and non-digital customer experiences”と，デジタルによる顧客体験を前面に出したものが提案されていた．新型コロナウイルス感染症（COVID-19）によって多くのものごとにおいてオンラインへの転換と融合が図られたように，この提案の意図は十分にわかるものの，箇条 5 f) の解説（64 ページ）で述べた理由から，時勢のキーワードを前面に出した書き方は見送られた．

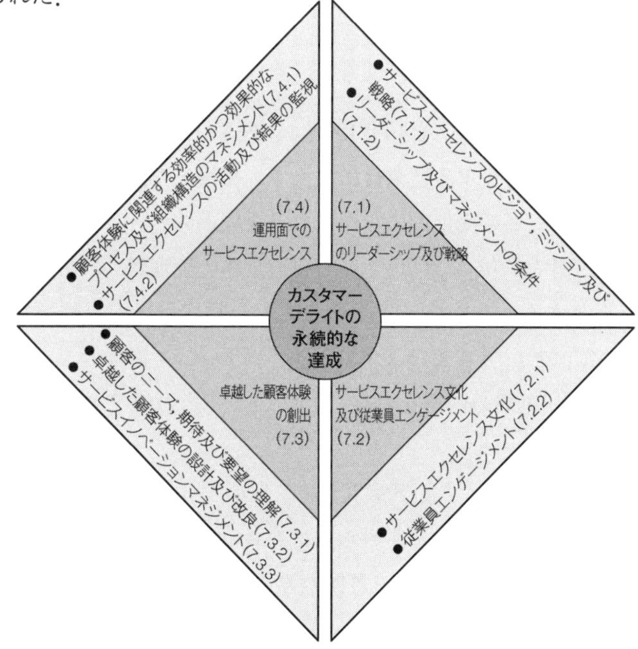

図 3.2　サービスエクセレンスモデル（JIS Y 23592 を基に作成）

7　サービスエクセレンスモデルの要素

箇条7では，サービスエクセレンスモデルの四つの側面に対する要素，及びその要素に対する小項目に関する組織活動についての要求事項及び推奨事項を規定し，更に各要素を実施するための適切な取組み（appropriate practices）を記載している．適切な取組みの中には，専門的な個別の手法が例示されているが，WG 1の議論においては，これら個別の手法に関する詳細な説明は規格内に記載しないことになった．しかし，規格利用者の利便性を考慮し，本書では各手法の簡単な概要を記載する．

JIS Y 23592で書かれている内容は非常に多岐にわたり，また要素ごとに一部重複していたり関係し合ったりしている．サービスエクセレンスの戦略をその他八つの要素に基づいて整備していくことは明示的に述べられているが，それだけでは読み進めながら包括的な理解を得ることがなかなか難しい．そこで，詳細な解説に入る前に，図3.3を用いて各要素の対象範囲を大まかに示しておく．

同図にあるサービス提供者という用語はJIS Y 24082の3.10で定義しているが，自組織で顧客と接する従業員に限らず，提携先や請負業者の関係者も含まれる．同図のサービス提供者の左側にも自組織のスペースが多くあるが，これらは組織の内側であり，左にいくほど組織全体の管理者，経営陣に近いものになっていくとする．7.3.1と7.3.2の2要素が顧客領域の全部を対象としているのに対して，7.1，7.2及び7.3.3の要素はサービス提供者と顧客の領域が交わる部分[*3]及び組織の内側を対象にしている．その他予め理解しておくとよいことを次に示す．

・7.1.2のリーダーシップ及びマネジメントの条件では，他の要素に対するリーダーシップの在り方が述べられており（例：サービスエクセレンス文化に対するリーダーシップ），類似の規定事項や取組みが出てくる．

・7.4.1はパートナー（の，特にサービス提供者）を含めた顧客体験のマネ

[*3] 顧客接点，及びそれを中心とした顧客体験とサービス提供プロセス

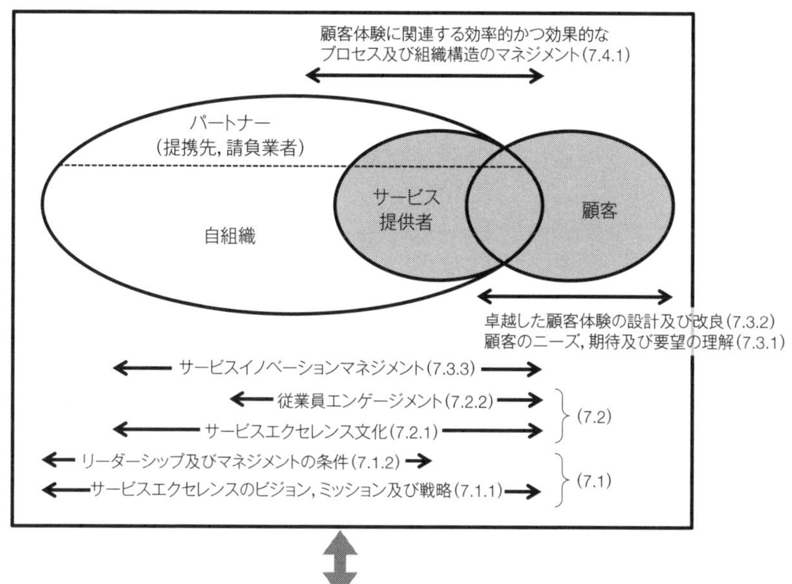

図 3.3　サービスエクセレンスモデルにある各要素の対象範囲の目安

ジメントの重要性が強調されており，自組織が中心である他の要素との違いがみられる．

・7.4.2 は，サービスエクセレンス全体及び他の要素に関する内部外部の指標開発と利用に注目しており，他の要素にある活動群を外から眺めるような位置付けになっている．

更に，サービスエクセレンスモデルの要素（細分箇条）は副次要素（a, b, c など）に分かれているため，先にこれらをみておく（表 3.1）．表 3.1 では，それら要素の導入本文，あるいは副次要素の本文に要求事項（shall，〜しなければならない）が含まれているかどうかもまとめている．この表からも，サービスエクセレンスがリーダーシップと戦略を重視するトップダウンのアプローチであることがわかる．

少し注意が必要なのは 7.2.2 と 7.3.3 である．7.2.2 では従業員エンゲージメントに関連して人的資源のプロセスと手法の使用が要求されているが，従業員エンゲージメントを確実にすること自体は容易でないため推奨事項（should，～することが望ましい）に留めている．7.3.3 の要求事項は継続的なサービス提供の改善についてであり，イノベーションから想起される革新そのものについて要求しているわけではない．

表 3.1　サービスエクセレンスモデルの詳細と要求事項の有無

サービスエクセレンスモデルの要素（細分箇条）と副次要素	要求事項の有無
7.1　サービスエクセレンスのリーダーシップ及び戦略	—
7.1.1　サービスエクセレンスのビジョン，ミッション及び戦略	○
a)　サービスエクセレンスのビジョン	○
b)　サービスエクセレンスのミッション	○
c)　サービスエクセレンスの戦略	○
7.1.2　リーダーシップ及びマネジメントの条件	○
a)　リーダーシップ	
b)　努力，定義された責任及び目標の共有	
c)　従業員の権限委譲及びエンゲージメント	
7.2　サービスエクセレンス文化及び従業員エンゲージメント	—
7.2.1　サービスエクセレンス文化	
a)　サービスエクセレンス文化の定義	
b)　サービスエクセレンス文化の伝達	
c)　サービスエクセレンス文化の実装	
7.2.2　従業員エンゲージメント	○
a)　新しい従業員の採用及び受入れ	
b)　従業員の継続的な学習及び成長	
c)　従業員又はチームレベルにおける顧客からのフィードバック	
d)　従業員の評価及びアセスメント	
e)　承認制度	
f)　従業員からのフィードバックの仕組み	○

表 3.1　（続き）

サービスエクセレンスモデルの要素（細分箇条）と副次要素			要求事項の有無
7.3　卓越した顧客体験の創出			—
	7.3.1　顧客のニーズ，期待及び要望の理解		○
		a）顧客の声に耳を傾ける範囲及び深度	
		b）データ獲得及び利用の体制構築	
		c）顧客のニーズ，期待及び要望への適応	
	7.3.2　卓越した顧客体験の設計及び改良		
		a）顧客体験の設計及び文書化	
		b）組織のサービス標準の設定及びサービスに関する約束の提供	
		c）組織全体への顧客体験の概念の展開	
		d）サービスリカバリーのエクセレンス	
	7.3.3　サービスイノベーションマネジメント		○
		a）イノベーション文化	
		b）構築されたイノベーションプロセス	
7.4　運用面でのサービスエクセレンス			—
	7.4.1　顧客体験に関連する効率的かつ効果的なプロセス及び組織構造のマネジメント		
		a）顧客体験に関連するプロセスのマネジメント	
		b）顧客体験に関連する技術及び手法の展開	
		c）組織構造及びパートナーシップのマネジメント	
	7.4.2　サービスエクセレンスの活動及び結果の監視		○
		a）因果関係	
		b）業績評価指標の使用	
		c）測定手法の使用	
		d）運用的，戦術的及び戦略的なレベルにおける指標の使用	

7.1　サービスエクセレンスのリーダーシップ及び戦略

7.1.1　サービスエクセレンスのビジョン，ミッション及び戦略

7.1　サービスエクセレンスのリーダーシップ及び戦略

7.1.1　サービスエクセレンスのビジョン，ミッション及び戦略

組織は，長期的なサービスエクセレンスのビジョン，ミッション及び戦略を定めなければならない．サービスエクセレンスのビジョン，ミッション及び戦略の要素は，組織が目指す顧客体験を構成し，決定する．これらの要素は，卓越した顧客体験の原則及び設計を，サービスエクセレンスモデルの他の全ての要素に変換する．例えば，低予算，プレミアム又は高級ブランドのように，組織のブランド・ポジショニングに応じて，顧客の期待する要求水準は異なる．

サービスエクセレンスのビジョン，ミッション及び戦略は，相互に整合させなければならず，組織の全体的な戦略と整合させることが望ましい．これらは，経営陣，スタッフ及び顧客を含む全ての利害関係者を巻き込んで構築し，レビューすることが望ましい．このビジョン，ミッション及び戦略は，組織の全ての部門に対して伝達することが望ましい．これらはまた，サービスエクセレンス文化の構築を助け，意思決定について全員に知らせるために，組織全体で実施することが望ましい．この要素は，次の 3 項目に分けられる．

a)　サービスエクセレンスのビジョン

組織は，より卓越したサービスの提供を通じて顧客の期待及び要望に一貫して応え，それを上回るという願望を明確に示した，長期的なサービスエクセレンスのビジョンをもたなければならない．ビジョンは，組織全体を包含することが望ましく，外部環境だけでなく，全ての関連する利害関係者のニーズ及び期待に対する深い理解に基づくことが望ましい．

b)　サービスエクセレンスのミッション

組織は，サービスエクセレンスのビジョンを実現するための到達点及び目標を設定するサービスエクセレンスの戦略の開発を可能にする長期的なミッションをもたなければならない．組織は，顧客及び実現可能性の観点から提案されたミッションステートメントを評価することが望ましい．

c)　サービスエクセレンスの戦略

組織は，そのサービスエクセレンスのビジョン及びミッションを，文書化した戦略的及び運用上の目標の形で首尾一貫した戦略に置き換えなければならない．サービスエクセレンスの戦略は，組織全体の戦略の不可欠な部分であり，組織が何を実現し，これらの目標をどのように実行するかについて記載する．

サービスエクセレンスの戦略は，結果を実現するために七つの原則，及びこの細分箇条が示す要素を除く八つの要素に基づいていることが望ましい．戦略は，実行可能な目標，到達点，プログラム及びその他の手法に置き換えなければならな

い．組織がこれらを実施する計画及び責任を定めることが望ましい．サービスエクセレンスのガバナンスは，サービスエクセレンスの現状を指示及び管理するシステムとして作成する必要がある．戦略は，組織の全ての関係部門に展開し，定期的，かつ，必要と思われる場合は，いつでもレビューしなければならない．このレビューでは，サービスエクセレンスに影響を与える可能性のある外部環境の変化を考慮に入れることが望ましい．

サービスエクセレンスのビジョン，ミッション及び戦略を開発し，実施するための適切な取組みには，次の事項を含む場合がある．

1）広範に広まり，全ての利害関係者に受け入れられる感動的なビジョン文書の作成
2）サービスエクセレンスのビジョン，ミッション及び戦略を開発するために，主要な利害関係者との戦略ワークショップの実現
3）顧客諮問委員会の設置

■解　説

本要素は，長期的なサービスエクセレンスのビジョン，ミッション及び戦略（以下，この 7.1.1 の解説に限り“3 点”という）の作成についての要求事項から始まる．これら 3 点は，組織が目指す卓越した顧客体験を方向付けるとともに，その意図をサービスエクセレンスモデルの他の要素への取組みに反映していく上で重要である．そのため，3 点を互いに整合させることのほか，サービスエクセレンスに限らない組織の全体戦略との整合の確保が推奨されている．また，これら 3 点の作成とレビューでは経営者，スタッフ，顧客を含む全ての利害関係者の関与が推奨されている．そして，作成された 3 点の組織全体での伝達と実施は，サービスエクセレンス文化の構築の一助になることについても述べられている．

a) のサービスエクセレンスのビジョン（service excellence vision）とは，サービスエクセレンスを達成するために組織がどのようになりたいかについての願望であった．卓越したサービスの提供を通じて顧客の期待と要望に応えるだけでなく，それを上回るという願望を示した長期的なものとして準備されることが要求されている．組織全体と関係する利害関係者の理解に基づく策定については推奨事項になっている．

b) のサービスエクセレンスのミッション（service excellence mission）と

は，ビジョンを実現する方法に関する組織のコミットメントであった．これを前提に，ビジョンの到達点と目標を設定する戦略の開発を可能にする長期的なものとして準備されることが要求されている．立てられたミッションステートメントについては，顧客と実現可能性それぞれの観点から妥当性を評価することが推奨されている．なお，ミッションステートメントに示されるように，JIS Y 23592では“statement”の訳として“ステートメント”を使用しているが，これには“声明”又は“宣言”という意味が含まれる．

c)のサービスエクセレンスの戦略（service excellence strategy）とは，サービスエクセレンスのビジョンとミッションを，堅実な原則，目標及び行動に置き換えたものであった．サービスエクセレンスの戦略について，戦略上・運用上の目標の形で首尾一貫していることが要求されている．また，戦略を実行し，結果を得るためには，サービスエクセレンスの七つの原則とサービスエクセレンスモデルの他の要素に基づいていることが推奨されている．

表3.1にもまとめたが，このようにサービスエクセレンスのビジョン，ミッション，戦略それぞれを策定することが要求事項としてまずあり，策定方法や活用方法についても様々な推奨事項が述べられている．一方，他の要素に比べて適切な取組みで挙げられている例が少ないこともあり，本文に書かれていること以上に理解を深めるのがまだ難しい状況である．

第5章では，サービスエクセレンスに限らない組織全体のビジョン，ミッションの関連事例を幾つか紹介しているが，それらと本要素との実務的な棲み分けや整理はまだ明確でない．全社戦略とサービスエクセレンスの戦略の関係についても同様である．これらについては，今後の事例の蓄積と更なるガイドが待たれるところである．

7.1.2　リーダーシップ及びマネジメントの条件

7.1.2　リーダーシップ及びマネジメントの条件

全ての取締役会メンバ及び全ての階層の関係する管理者は，サービスエクセレンスの戦略を決定，実施及び維持する重要な役割をもっており，サービスエクセレンスにコミットしなければならない．これらの人々は，組織の全体的な戦略的方向性に沿ってサービスエクセレンスのビジョン，ミッション及び戦略を開発し，展開することによって，リーダーシップを発揮しなければならない．これらの人々は，必要な目的（purpose）及びサービスエクセレンスの価値を開発し，従業員を含む組織全体がその達成に向けて団結していることを確認することが望ましい．サービスエクセレンスを実現するためには，従業員が最大限のサービスの可能性を実現可能な環境を構築するためのトップマネジメントの考え方及びコミットメントが重要である．

この要素は，次の 3 項目に分けられる．

a)　リーダーシップ

全ての階層の関係する管理者は，サービスエクセレンスに焦点を当て，主要な利害関係者を含む組織全体を捉えるサービスエクセレンス文化を構築することが望ましい．組織のパフォーマンスを，サービスエクセレンスに関するパフォーマンスに直接結びつけることが望ましい．

管理者は，次の事項を行うことが望ましい．

— サービスエクセレンスのビジョン，ミッション，戦略及び目的（purpose）を開発し，組織全体に伝達することを確実にする．
— 関連する一連のパフォーマンス指標を定義し，用いることによって，サービスエクセレンスの戦略及び目標の実施の進捗を定期的に監視及びレビューする．
— 従業員にサービスエクセレンスを動機付け，オーナーシップ，エンゲージメント及び説明責任の環境及び文化を構築する．
— サービスエクセレンスイノベーションの方向性を定める．
— 定期的に顧客からのフィードバックを受け取り，この情報をサービスエクセレンスのパフォーマンス及び従業員のパフォーマンスへの重要なインプットとして用いる．
— 従業員の知識及びスキルを支援及び開発することによって，サービスエクセレンスの目標の達成を確実にする．

リーダーシップに関する規定事項の実施のための適切な取組みには，次の事項を含む場合がある．

1)　専門組織（例えば，サービスに関する教育機関）によって考案される若しくは提供される，又はその両方のサービスエクセレンスのための変化・変革のマネジメントによって支援される組織開発プログラムの実施

2)　管理者が，サービスエクセレンス能力を理解及び開発し，サービスエクセレンスのための指導プログラム及びコーチングを用いること

3)　顧客，同僚及び従業員も巻き込んだ 360 度フィードバックを組織化することによる，利害関係者の効果的な関与

4)　サービスエクセレンスの目標の開発及びレビューの重要なインプットとしてのフィードバック情報の使用

5)　管理者が，サービスエクセレンスの方向性及び焦点を設定及び伝達し，ベストプラクティスを共有及び促進すること
6)　少なくとも年に2日，管理者が顧客対応部門に関与することによる，サービスエクセレンス文化の構築

■解　説

サービスエクセレンスの戦略の決定・実現・維持において重要な役割をもつ取締役会メンバや管理者は，サービスエクセレンスにコミットすることが要求されている．彼らは，組織の全体戦略の方向性に沿ったサービスエクセレンスのビジョン・ミッション・戦略の開発と展開によって，リーダーシップを発揮することが推奨されている．

サービスエクセレンスの実現には，従業員が最大限のサービス能力を発揮できる環境構築のためのトップマネジメントの考え方とコミットメントが重要であることが述べられている．本文の“従業員が最大限のサービスの可能性を実現可能な”について補足すると，原文に their full service potential があることから，サービスそのものの可能性というより，個々の従業員によるサービス能力の最大化が述べられている．

この要素を構成する副次要素 a)～c) では，箇条7の冒頭で解説したように，他の要素と類似した規定事項や取組みが出てくる．まず a) のリーダーシップの要点は次のとおりである．全てのレベルの関係する管理者は，サービスエクセレンスに焦点を当てるとともに，組織全体を捉えたサービスエクセレンスの文化の構築が推奨されている．そのために管理者は，“サービスエクセレンスのビジョン・ミッション・戦略の開発と組織内での伝達”“関連する一連のパフォーマンス指標を用いた戦略実施の進捗管理”“従業員へのサービスエクセレンスに関する動機付け”及び“顧客からのフィードバック情報を基にした従業員のパフォーマンス評価”などが推奨されている．

適切な取組みリストの一つ目に示される，専門組織や教育機関から提供されるサービスエクセレンスに関する組織開発プログラムは現状日本にはほとんどない．実際には各組織の事情に応じたプログラムのカスタマイズが必要であろ

うが，まずはサービスエクセレンス規格と本解説書を基にした共通的な教育プログラムの構築が急がれる．

7.1.2　リーダーシップ及びマネジメントの条件（続き）

b)　努力，定義された責任及び目標の共有

管理者は，強力なリーダーシップを発揮し，模範を示すことによって，従業員が卓越した顧客体験を提供可能な環境を構築することが望ましい．

管理者は，次の事項を行うことが望ましい．

— 戦略を部門，チーム及び従業員向けの実行可能な運用目標及びプログラムに変換し，それぞれがサービスエクセレンスに対する影響を十分に認識可能なようにする．

— 動機付け及び合意されたサービスエクセレンスに関するターゲットを確立し，伝達する．

— 運用目標を，請負業者を含む外部の利害関係者に伝え，これらの人々に与えられた仕様が適切に理解され，実行されることを確実にする．

— サービスエクセレンスのガバナンスを構築する．そうすることによって，

　— サービスエクセレンスが促進され，実装される．

　— サービスエクセレンスのパフォーマンスが監視及び報告され，必要な全ての改善措置が開始される．

努力，定義された責任及び目標の共有に関する規定事項の実施のための適切な取組みには，次の事項を含む場合がある．

1)　全ての力量及び行動のための個人開発プログラムの活用（例えば，感情的力量及び社会的力量の訓練）

2)　ストーリーテリングの使用（例えば，サービスエクセレンスの良い話又は悪い話を語る．）

3)　サービスエクセレンスのパフォーマンスを監視するための機能横断型解決チーム及び顧客体験に関する会議体の活用

4)　経営陣が，共有された活動及び結果にオーナーシップをもつことを全員に対して奨励すること

5)　経営陣が，得られた結果の一部として全ての従業員の努力を認めることを保証するプログラムを展開すること

6)　組織の定期的な計画及び管理サイクルの一部として，サービスエクセレンスの戦略［**7.1.1 c**）参照］を，トップダウン・ボトムアップのバランスの取れたアプローチによって組織の目標に変換すること．このようなプロセスの成果として，各部門，チーム及び従業員は，それぞれの目標及び個々の行動をサービスエクセレ

ンスの戦略と結び付けることが可能になる．従業員は，定期的に自身の目標及び結果をレビューすることが可能であることが望ましい．

7) サービスエクセレンスの提供に関連する役割及び責任

■解　説

副次要素 b) の努力，定義された責任と目標の共有では，従業員が卓越した顧客体験を提供できる環境を構築することが推奨されており，それを管理者の強力なリーダーシップと模範により実現することが述べられている．そのために，“各々が及ぼすサービスエクセレンスへの影響の十分な認識”“意欲を起こさせるサービスエクセレンスのターゲットの確立”及び“サービスガバナンスの開発を通じたサービスエクセレンスの促進・把握・改善措置”などが推奨されている．

本文の“ターゲット”(target) は，目標 (goal) と区別されており，カタカナ表記がされている．本書でもそのままターゲットを使うが，目標よりも近いところにある具体的な対象・標的の意味合いがある．

適切な取組みにある感情的力量及び社会的力量の原文は“emotional competence”と“social competence”であり，能力という他と重複する訳を避け，JIS Y 23592 では力量と訳した．これらの力量が高い人は対人関係を円滑に構築・維持することができる．ストーリーテリングとは，伝えたいことを，体験談，エピソードなどの印象的な物語によって相手に伝える手法である．相手を引き込み，伝えたいことの理解又は共感を深めることが可能である．機能横断型解決チームという言い方に馴染みがなければ，箇条 5 e) の解説 (63 ページ) と同様に，部門横断的チームと捉えるのがよい．

7.1.2 リーダーシップ及びマネジメントの条件 (続き)

c) 従業員の権限委譲及びエンゲージメント

サービスエクセレンス環境では，従業員は，卓越かつ個別化された体験を提供するために，顧客に対して期待される以上のことを行うことが望ましい．

管理者は，次の事項を行うことが望ましい．

— 従業員に権限を与える．
— 顧客に影響を与える意思決定における従業員のインプットを要求することによって，従業員を関与させる．
— 業務を効果的に実施するために，従業員に必要な支援及び激励を与える．
— 個々の力量に基づき，訓練の必要性を評価し，必要な訓練，指導及び支援を提供する．
— 従業員に寄り添い，サービスエクセレンスの責任の遂行に関して迅速なフィードバックを供給する．
— カスタマーデライトを達成するために，最善を尽くせるように従業員が動機付けられる労働環境を提供する．

従業員の権限委譲及びエンゲージメントに関する規定事項の実施のための適切な取組みには，次の事項を含む場合がある．

1) 経営陣が，権限及び義務を委譲することによって，従業員の可能性を最大限に発揮することを奨励，支援及び可能にすること．例として，従業員に資源の権限又は顧客補償（例えば，予算権限）を委任することによって，行動の自由が与えられることがある．
2) チームビルディング文化の確立
3) 権限委譲の受容という側面を，管理者の報酬制度に組み入れることによる，組織としての権限委譲の受容の強化
4) 権限委譲に対して方策をとれるようにするための経営陣の訓練
5) 顧客を深く，完全に理解し，サービス改善に向けて迅速に取り組むための，適切な手法の使用
6) 従業員がサービスエクセレンスのパフォーマンス及び自己啓発への支援に対する定期的なフィードバックを受け取ることに関与することはもちろん，意思決定プロセスにも関与する効果的なコミュニケーションシステムの開発

■解　説

副次要素 c) の従業員の権限委譲とエンゲージメントである．従業員は顧客に対して期待される以上のことを行うことで，卓越した個別体験を提供することが期待される．冒頭にあるサービスエクセレンス環境は“サービスの卓越性が発揮される環境”のように理解するのがよい．そのため管理者は，従業員に対して，“権限の付与”“顧客に影響を与える意思決定への関与”“効果的な業務実施に必要な支援と激励”“個々に応じた訓練や指導の提供”及び“カスタマーデライトの達成に最善を尽くすことに動機付けられる労働環境の構築”な

どを行うことが望ましい．権限委譲が主であるが，従業員エンゲージメントも関わってくるため，7.2.2についても併せて目を通しておきたい．

適切な取組みにある顧客補償とは顧客に対する補償であり，例えば，不手際やミスが生じたときに金銭的，あるいはポイント付与などの補償を行う裁量である．

7.2　サービスエクセレンス文化及び従業員エンゲージメント

7.2.1　サービスエクセレンス文化

7.2　サービスエクセレンス文化及び従業員エンゲージメント

7.2.1　サービスエクセレンス文化

組織の文化は，サービスエクセレンスを成し遂げ，卓越した体験を提供し，カスタマーデライトを達成するために，人々がどのように考え，感じ，行動するかの鍵となる．このように組織の文化は，サービスエクセレンスの価値，姿勢及び行動によって明確化され，企業文化の重要な部分を占めるものである．

この要素は，次の3項目に分けられる．

a)　サービスエクセレンス文化の定義

サービスエクセレンス文化は，組織の価値，姿勢及び行動を映し出すことが望ましい．これによって，最終的にはカスタマーデライトへとつながるサービスエクセレンスの戦略の実行が可能となる．

注記　そのような文化の例として，次のものを含めることが可能である．エクセレンスへのコミットメント，情熱，承認，積極性，権限委譲，挑戦の受容，及び要求事項をはるかに超えること．

組織は，次の事項を行うことが望ましい．

— 従業員と緊密に連携しながら，組織のリーダーシップチームを通じてサービスエクセレンス文化を分析し，明確化し，確立する．
— サービスエクセレンス文化を企業文化に組み込む．
— 全てのパートナー及び請負業者がサービスエクセレンス文化に沿っていることを確実にする．
— 前向きな文化を確立するために，成功，顧客からの褒め言葉及びその他の肯定的なフィードバックを称賛する．
— 必要に応じて，外部環境の変化に対応して，サービスエクセレンス文化を適応させる．

サービスエクセレンス文化の定義に関する規定事項の実施のための適切な取組みには，次の事項を含む場合がある．

1）戦略ワークショップを開催する．
2）サービスエクセレンス文化を行動規範又はサービスに関するステートメントの中で文書化し，それを展開する．
3）実施プロセスの進捗を監視するために，SMART［Specific（具体的に），Measurable（測定可能な），Achievable（達成可能な），Relevant（妥当な）及び Time-Bound（時間制約がある）］基準を定義する．
4）振返り及び失敗からの学びの文化を実装する．

■解　説

冒頭の二文では組織文化，企業文化も表れ，サービスエクセレンス文化が何であるかが少し読み解きづらい．そこで，次の副次要素 a）の 1 文目の内容を前借りして，次のように構造を整理してみたので，適宜参考にしていただきたい．

・サービスエクセレンス文化は，サービスエクセレンスの価値観，姿勢及び行動に関わる企業文化の一種であり，当該組織の価値観，姿勢及び行動を映し出すものとして定められる．
・当該組織の文化の中にサービスエクセレンス文化を組み込むことで，サービスエクセレンスを成し遂げ，卓越した顧客体験を提供し，カスタマーデライトを達成するために，組織の人々が日々どのように考え，感じ，行動していくべきかを方向付けることができる．

この要素を構成する副次要素 a）～b）のうち，a）のサービスエクセレンス文化の定義では，カスタマーデライトへとつながるサービスエクセレンスの戦略実行のため，組織の価値，姿勢，行動を映し出すことが推奨されている．そこには，サービスエクセレンスへのコミットメント，権限委譲，挑戦の受入れ，要求を超えることなどが含まれる．そのため，“従業員との緊密な連携によるサービスエクセレンス文化の分析と明確化”“サービスエクセレンス文化の企業文化への組込み”“成功やお褒めの言葉など顧客からの肯定的なフィードバックの称賛”及び“外部環境の変化に対するサービスエクセレンス文化の適応”などが推奨されている．

7.1 ではビジョンとミッションが規定されたが，これらと併せて，組織の共通な価値観を明文化したものとしてバリューズ（あるいは，バリュー）がよく用いられる．このバリューズにサービスエクセレンスの考え方を反映させることが，上記のサービスエクセレンス文化の企業文化への組込み方法の一つである．これは，定められたバリューズは一般に行動規範や行動指針として組織内に展開されていくことから，適切な取組みにあるサービスエクセレンス文化についての行動規範の中での文章化にも通ずる．

その他，適切な取組みにおいて戦略ワークショップ（strategy workshops）が述べられているが，これは7.1.1で述べたサービスエクセレンスの戦略や全社戦略を策定するワークショップという意味ではなく，ここでのサービスエクセレンス文化の定義・浸透・実装についての計画や目標を立てる戦略的なワークショップを指している．SMART基準とは，プロジェクトマネジメント，従業員の業績管理，能力開発などの領域における目標設定の基準を示す頭字語であり，それぞれは括弧内に書かれているとおりである．

7.2.1　サービスエクセレンス文化（続き）

b)　サービスエクセレンス文化の伝達

継続的な内部及び外部のコミュニケーションは，サービスエクセレンス文化を維持し，更に発展させるために不可欠である．

管理者は，次の事項を行うことが望ましい．

— 管理者が期待することを従業員と継続的に共有する．
— 管理者は，サービスエクセレンスを提供するために従業員に期待する行動を，明確に示す．

サービスエクセレンス文化の伝達に関する規定事項の実施のための適切な取組みには，次の事項を含む場合がある．

1)　方針，行動規範，ワークショップ，研修，広告，ウェブサイト，ソーシャルメディア，インタビュー，スピーチ及び調査の内部における利用

2)　サービスに関するステートメント，ウェブサイト，マーケティングキャンペーン，広告，ソーシャルメディア，インタビュー，スピーチ，調査，博覧会及び展示会，広報活動並びに顧客とのイベントの外部における利用

■解　説

副次要素 b) のサービスエクセレンス文化の伝達には，その維持・発展も含まれる．それらに不可欠なコミュニケーションの対象は組織内部のみならず組織外部も含み，また様々なプログラムとメディアを通じて行われる．管理者は，“従業員との期待の継続共有”や“サービスエクセレンスの提供において期待される従業員の行動の提示”などを行うことが推奨されている．両方の推奨事項に期待が表れておりややこしいが，特に後者は従業員に期待する行動を明確にすることであり，前者よりも具体的である．

7.2.1 サービスエクセレンス文化（続き）

c) サービスエクセレンス文化の実装

サービスエクセレンスモデルの他の要素で規定したとおり，サービスエクセレンス文化を，組織における全ての取組みに浸透させることが望ましい．

組織は，次の事項を行うことが望ましい．

— 顧客，従業員及びその他の関連する利害関係者からの定期的なフィードバックを収集することによって，サービスエクセレンス文化の実装を継続的に監視する．

— 進捗を監視するために，継続的に他の組織との比較を基に，基準をベンチマークする．

サービスエクセレンス文化の実装に関する規定事項の実施のための適切な取組みには，次の事項を含む場合がある．

1) 戦略ワークショップの開催

2) 行動規範又はサービスに関するステートメントの中でのサービスエクセレンス文化の文書化及びその展開

3) 内部での博覧会の開催

4) 企業内ネットワーク又は企業のソーシャルネットワークによるコミュニケーションの促進

5) 管理者及び従業員のための個々のターゲットに関する取決めへの，組織のサービス文化に関するターゲットの盛り込み

■解　説

副次要素 c) のサービスエクセレンス文化の実装では，組織における全ての取組みに浸透させるべく，“利害関係者からの定期的なフィードバックの収集

によるサービスエクセレンス文化の浸透具合の継続モニタリング”や“進捗モニタリングのための他組織との経年ベンチマーク”などが推奨されている.

適切な取組みとして，行動規範などの中でのサービスエクセレンス文化の文書化，管理者や従業員個人のターゲットへのサービス文化の要素の盛り込みなどが示されている．また，ここでも実装の計画や目標という意味での戦略ワークショップが挙げられている.

7.2.2　従業員エンゲージメント

7.2.2　従業員エンゲージメント

組織は，卓越した顧客体験を創出するために共有の価値観，信条及び慣行を奨励し，維持するために，人的資源のプロセス及び手法を用いなければならない．経営陣は，卓越した顧客体験を提供すること及び顧客を喜ばせることに対して，従業員が熱心で意欲的であることを確実にすることが望ましい.

この要素は，次の6項目に分けられる.

a)　新しい従業員の採用及び受入れ

採用及び入社の段階において，新規従業員のサービスエクセレンスに対する姿勢及び行動に重点を置くことが望ましい.

組織は，次の事項を行うことが望ましい.

— サービスエクセレンスに対して最善を尽くす姿勢があり，サービスエクセレンス文化に合う新しい従業員を募集，選考及び採用するために様々な手法を用いる.
— 顧客の価値，顧客のニーズ及び期待並びに組織の文化及び価値観に焦点を当てた，明確に定められた実質的な新人研修プログラムを用いる.
— 経営陣を積極的に参加させる.

新しい従業員及び受入れに関する規定事項の実施のための適切な取組みには，次の事項を含む場合がある.

1)　採用候補者のサービスへの姿勢を確かめるために，募集及び選考のための手法を用いる.

2)　採用及び選考プロセスの形成に役立てるために，顧客からのフィードバックの集約を利用する.

3)　試用期間中及び試用期間後に実地での助言又は指導体制を編成する.

■解　説

1文目が読みにくいが，卓越した顧客体験の創出に向けて，共有の価値観，信条，慣行を組織内で奨励し，維持するための方法として，人的資源のプロセスと手法の活用が要求されている．人的資源のプロセスとは，例えば，後述する副次要素にある採用，トレーニング，配置，評価，フィードバックなどである．また，特に経営陣に対する推奨事項として，卓越した顧客体験とカスタマーデライトに対して従業員が熱心で意欲的であることを確実にすることが述べられている．

この要素は，以下六つの副次要素 a)～f) に分かれる．副次要素の多さからもわかるように多くの内容と観点が示されており，本規格において従業員エンゲージメントが非常に重要な要素であることがわかる．

a) の新しい従業員の採用及び受入れでは，新規に採用，又は入社した従業員のサービスエクセレンスに対する姿勢と行動に重点を置くことが推奨されている．具体的には，“サービスエクセレンスへの最善の姿勢と文化に合う従業員を採用するための様々な手法の利用”“顧客や組織文化・価値観に焦点を当てた明確な新人研修プログラムの利用”などを行うことが推奨されている．

このように，新規採用に注目して一つの副次要素をまとめている点はJIS Y 23592の特徴といえ，これらは例えば，ISO 9001などでは対象にされていなかった組織活動である．

7.2.2　従業員エンゲージメント（続き）

b)　従業員の継続的な学習及び成長

経験のレベルにかかわらず，卓越した顧客体験を提供する専門職業人として，全ての従業員には継続的な学習姿勢が求められている．

組織は，次の事項を行うことが望ましい．

— 全ての管理者及び従業員に向けたサービスエクセレンスについての継続的な学習プログラムを用意する．

— 卓越した顧客体験及びカスタマーデライトを提供するために必要なスキルに焦点を当てた，顧客と接点のある従業員向けの継続的な学習プログラムを確立する．

従業員の継続的な学習及び成長に関する規定事項の実施のための適切な取組みには，次の事項を含む場合がある．

1)　見習い，ジョブ・シェアリング及び組織の他部門（又は顧客の組織）での一時的

な配置換えの編成

2) サービスエクセレンスを向上させるための自己啓発計画の活用

3) サービス提供訓練シナリオにおける役割練習でのプロの役者の活用

4) 望まれるサービスエクセレンスの行動の認識及び積極的な強化

■解 説

副次要素 b) の前提として，卓越した顧客体験の提供の業務を継続的な学習姿勢が期待される専門的な職務とみなしている．つまり，卓越した顧客体験の提供に関わる従業員は皆プロフェッショナルである．なお，本文に“求められている”とあるが，これは is expected の訳であり，要求事項（shall）ではない．

全ての管理者と従業員に対してサービスエクセレンス全般の学習プログラムを用意するとともに，特に顧客接点のある従業員に求められるスキルに焦点を当てた学習プログラムの確立が推奨されている．このように，2 種類が述べられている点が特徴である．

7.2.2 従業員エンゲージメント（続き）

c) 従業員又はチームレベルにおける顧客からのフィードバック

顧客が知覚する体験は，提供される顧客体験に対する経営陣の信念とは大きく異なることがあるため，組織は定期的に顧客体験のフィードバックを調査することが望ましい．

組織は，次の事項を行うことが望ましい．

— 内部及び外部の顧客調査を実施するなど，顧客体験のフィードバック及び聞き取り調査を定期的に行う．

— 前向きな行動を強化する又は否定的な相互作用を再設計するために，フィードバックを用いる．

— サービス提供レベルについて，顧客から個々の従業員若しくはチーム又はその両方へのフィードバックを頻繁に分析し，共有し，措置をとる．

— 個々の関係を強化し，その感情の理由についてより詳しい情報を得るために，喜んでいる又は不満を抱いている顧客に連絡をとる．

— 必要な対策若しくは行動計画又はその両方を定め，実施するために，並びに評価及び報酬のために，顧客からのフィードバックを用いる．

— 個人及び組織レベルで提供するサービスを改善するために，内部及び外部の顧客に（顧客からの許可が得られる場合には）個人的にフィードバックを求めることを従業員に奨励する．

従業員又はチームレベルにおける顧客からのフィードバックに関する規定事項の実施のための適切な取組みには，次の事項を含む場合がある．

1) 取引ごとの顧客体験を測定し（クローズドループフィードバック），関係性の評価，苦情，提案及び褒め言葉を測定する．
2) 顧客との関係性の定期的な評価．その関係性に責任のある顧客担当者及びチームが結果を受け取る．
3) 顧客からのフィードバックを全ての従業員に継続的に示す．
4) 顧客レビューを奨励し，利用する．

■解　説

副次要素 c) では，顧客が知覚する体験（実際の顧客体験）は，サービスの提供側，特に経営陣の想定と大きく異なる場合があるため，顧客体験の定期的なフィードバックが推奨されている．

具体的には，“顧客調査による顧客体験の聞き取りの仕組み利用”“サービス提供レベルに関する顧客からのフィードバックの頻繁な分析と対応”及び“必要な施策と行動計画を策定し，実行するための顧客フィードバックの活用”などが推奨されている．なお，本文にある“否定的な相互作用”（negative interactions）とは対人関係がもつ否定的側面を指し，ここでは特に，顧客との関係における心身へのマイナスの影響を表す．

適切な取組みの一つ目にクローズドループフィードバックと括弧書きされているが，これは，毎回のサービス提供（取引ごと）に実際の顧客体験がどうであったかをきちんと把握した上で，次のサービス提供に活かしていくという程度に捉えれば十分である．

7.2.2　従業員エンゲージメント（続き）

d) 従業員の評価及びアセスメント

従業員のサービスに対する姿勢は，定期的に評価されることが望ましい．従業員は，卓越した方法で常に顧客を助け，尽くしていると示すことが望ましい．

組織は，次の事項を行うことが望ましい．

— コストを考慮しながら，カスタマーデライト及び卓越した顧客体験を提供するという主なターゲット又は目標を，従業員の職務記述書に統合する．
— 模範的な人を支援，承認及び称賛する．また，カスタマーデライトを達成することにおける不十分なパフォーマンスに対処するための対策を講じる．

従業員の評価及びアセスメントに関する規定事項の実施のための適切な取組みには，次の事項を含む場合がある．

1) 共感を含む，エクセレンスを重視した重要業績評価指標（KPI）に基づく評価及びアセスメントの手法を用いる．
2) 個々のレベルにおける力量若しくは結果又はその両方に関するターゲットの取決めを用いる．

■解　説

副次要素 d) では，従業員のサービスに対する姿勢が組織内で定期的に評価されることに加えて，従業員自身もその姿勢を自ら示していくことが推奨されている．

組織としては，"従業員の職務記述書への，カスタマーデライトと卓越した顧客体験の提供目標の統合"や"模範的な人物への支援・承認・称賛"などを行うことが推奨されている．

後者についての適切な取組みは明確に示されていないが，それに該当するものとして，7.4.2 d) でも挙げられている賞賛の掲示板（wall of fame）などがある．

7.2.2　従業員エンゲージメント（続き）

e) 承認制度

承認についての方針は，サービスエクセレンスの戦略の最も重要な部分の一つである．

組織は，次の事項を行うことが望ましい．

— サービスエクセレンスが主の目標であるという前向きな承認の文化を促進する．
— より卓越したサービスの行動を強く促すことに焦点を当てた，公式及び非公式の承認制度を確立する．金銭的な報酬，非金銭的な報酬及び承認は，サービスエクセレンス及びカスタマーデライトを達成することによる．

承認制度に関する規定事項の実施のための適切な取組みには，次の事項を含む場合がある．

1)　成功及び達成の称賛
2)　定期的な顧客及び利害関係者からの 360 度フィードバックを用いた，エクセレントサービスの行動に対する報酬プログラム又は承認制度の実施
3)　例えば，内部の訓練に従業員を参加させること，内部及び外部のプレゼンテーションにおいて組織を代表させること，及び従業員をサービスの改善又はイノベーションに関する特別委員会に参加させることによる，非金銭的な報酬の利用

■解　説

副次要素 e) の承認制度の原文は recognition or acknowledgement system である．成果や業績等に対する承認の方針は，サービスエクセレンスを推進する上で極めて重要であり，“サービスの卓越性を主目的とする前向きな承認文化の促進”や“卓越したサービスの行動の促進に焦点を当てた公式／非公式の承認制度の確立”などを行うことが推奨されている．

適切な取組みでは，金銭手的な報酬に限らず，非金銭的な報酬の利用に関して幾つかの例示をしている．

7.2.2　従業員エンゲージメント（続き）

f)　従業員からのフィードバックの仕組み

組織は従業員エンゲージメントを強化し，サービスエクセレンスを向上させるために，従業員からのフィードバックを集めなければならない．

組織は，次の事項を行うことが望ましい．

— 従業員から学び，従業員エンゲージメントを測定し，結果を改善に用いるために，従業員の声に耳を傾け，フィードバックする手段を運用する．

従業員からのフィードバックの仕組みに関する規定事項の実施のための適切な取組みには，次の事項を含む場合がある．

1)　経営陣と従業員との非公式な会合を開催する．
2)　従業員が意見，質問及び苦情を提示可能なように，取締役会のメンバ及びトップマネジメントに直接連絡するための従業員用のメールアドレスを設ける．従業員は，適宜，個人的に回答を受け取ることが保証される．
3)　改善のために，例えば，従業員満足，コミットメント及びモチベーション調査といった，改善を重視した従業員調査を実施する．

■解　説

副次要素 f) に関して，従業員からのフィードバックを，従業員エンゲージメントを強化し，サービスエクセレンスを向上させていくために集めていくことが求められている．そのための仕組みとして，“従業員からの学び，従業員エンゲージメントの測定，及び結果の改善のために，従業員の声を聞き，活用する手段を運用する”ことが推奨されている．副次要素 c) が顧客からのフィードバックを利用していたのに対して，f) では従業員から直接フィードバックを得ることを述べている．

適切な取組みにある 3) の従業員調査では，フィンランドから eNPS（Employee Net Promoter Score）を具体例として追記する提案が WG 1 に出された．ただし，NPS® 同様，登録商標を直接は記載しないという方針に従い，見送った．ただし，eNPS などの調査により明らかになるコミットメントの側面は当時の作業原案になかったため，コミットメントが追記された．

7.3　卓越した顧客体験の創出

7.3.1 と 7.3.2 の二つの要素は，JIS Y 24082 で詳細化される設計の内容と一部重複する．その一方で，よりマーケティングやマネジメントに近い内容のほか，企画・設計チームに限らない組織的な取組みなどが含まれている．また，7.3 のサービスイノベーションマネジメントの規定事項は現在のところ JIS Y 24082 にはなく，JIS Y 23592 のみの内容である．

7.3.1　顧客のニーズ，期待及び要望の理解

7.3　卓越した顧客体験の創出

7.3.1　顧客のニーズ，期待及び要望の理解

組織は，顧客の現在及び将来のニーズ，期待並びに要望を十分に理解するために，適切な調査及び分析を実施しなければならない．

この要素は，次の 3 項目に分けられる．

a)　顧客の声に耳を傾ける範囲及び深度

組織は，既存及び変化する顧客ニーズだけでなく，顧客の期待及び要望に耳を傾

け，それを追うための恒久的な制度を構築することが望ましい．

組織は，次の事項を行うことが望ましい．

— 明示的及び暗黙的な期待，外的要因並びに顧客体験の理性的及び感情的な側面を含め，顧客が何を評価しているかを特定するために，顧客からの聞き取り制度を組み込む．

顧客に対する聞き取りの範囲及び深度に関する規定事項の実施のための適切な取組みには，次の事項を含む場合がある．

1) “顧客の声（voice of the customer)”，ラダリング法，又はその他の形式の観察及びインタビューのような方法を用いる．
2) 顧客とのサービスの共創を構築する（例えば，クラウドソーシング，当事者経験に基づく協働設計）．
3) 将来のトレンドについての理解を深め，トレンドを探索する体制を構築する．

■解　説

組織は，顧客のニーズ，期待，要望を十分に理解するために，適切な調査と分析を実施することが求められている．

この要素の副次要素は a)～c) の三つに分けられる．

a) の顧客の声に耳を傾ける範囲と深度では，顧客調査の方法を，単発ではなく永続的に行い，また追いかけられるような仕組みとして構築することが推奨されている．また，暗黙的な期待や感情面にも注目し，顧客が何を評価しているかを聞き取る仕組みの組込みが推奨されている．

適切な取組みにある顧客の声（Voice of the Customer：VoC）は，例えば，顧客からの評価，苦情，要望，問合せなどの“顧客の声”を指し，手法を表すものではない．VoC の収集及び分析によって，顧客のニーズにより適したサービス改善などに役立てることが可能である．

ラダリング法は，個々の製品，サービス，ブランドなどのもつ属性がどのような顧客の価値をもたらしているかを明確にする定性分析手法である．手段及び目的の連鎖モデル（means-end chain model）に沿って，表面的ではない顧客の価値構造を可視化し，捉えることが可能である．

当事者経験に基づく協働設計（experience-based co-design）は，医療分野などで行われてきた，医療の質向上のために利用者の意見を取り入れるための方法論である．医療の臨床現場でのサービス改善のために，スタッフ，患者それぞれがサービスについての経験を振り返り，どのような改善が必要かを一緒に話し合って優先順位を付けていくことが行われる．

7.3.1　顧客のニーズ，期待及び要望の理解（続き）

b)　データ獲得及び利用の体制構築

組織は，様々な方法を用いて顧客のニーズ，期待及び要望を一貫して調査することが望ましい．これは，関係性の観点からだけでなく，カスタマージャーニー全体を通じたものであることが望ましい．

組織は，次の事項を行うことが望ましい．

— 肯定的であるか否定的であるかにかかわらず，顧客からのフィードバック（コメント，期待，苦情，提案及び褒め言葉）を把握及び文書化し，それを経営陣に迅速に伝えるよう，スタッフに定期的に喚起する．
— 原因及び結果を理解し，データを検証可能なように複数のデータソースを用いる．
— 個々の顧客ベースで多様なデータ（例えば，好み，期待，関連する連絡先及びフィードバック）を収集する．
— 従業員がより卓越した個別のサービスを提供可能なようにするために，顧客と接点がある間は，全ての従業員が直接データを利用可能なようにする（すなわち，リアルタイムの顧客からのフィードバック手法）．
— 例えば，ソーシャルメディアの監視といった，デジタルサービスを通して収集したデータを統合する．

データ獲得及び利用の体制に関する規定事項の実施のための適切な取組みには，次の事項を含む場合がある．

1)　顧客関係管理（CRM）の手法からの情報を用いる．
2)　製品及びサービス体験を，発売前に顧客とともにテストする．
3)　前線の従業員（すなわち，顧客と直接接点がある人）とともに，トップマネジメントも定期的にその場に立ち合うことを確実にする．

■解　説

副次要素b）のデータ獲得及び利用の体制構築では，組織は，様々な方法を用いて一貫した顧客調査を行うことが推奨されている．2文目にある関係性とは組織と顧客との関係性を意味しており，一連の顧客体験を示したカスタマージャーニーと重なる部分はあるものの，同じではないために併記されている．

続いて，様々なデータ獲得と利用の方法が推奨されており，読者にとっても馴染みあるものがほとんどと思われる．列挙された推奨事項の四つ目にある，顧客接点での従業員間でのデータ共有・活用は，企画段階での顧客分析というよりもサービスの提供場面に関するものであり，第4章で解説するJIS Y 24082での5.5や5.6とも関係する．

なお，データの獲得と利用に関連して，WG 1でも“データの取扱い”に関する議論が何度かなされた．データの保護やプライバシーに関連する規制，例えばEUの一般データ保護規則（General Data Protection Regulation）に関する記載を追加すべきという提案がフランス及びオーストラリアから出された．ただし，ISO/IEC Directives, Part 2（ISO/IEC 専門業務用指針第2部）でも述べられているとおり，規格の中に各国・地域の固有の規則を載せることは望ましくなく，組織は自国のデータ保護法に関して合法的なことをする旨，会議において合意を得た．

適切な取組みにある顧客関係管理（Customer Relationship Management: CRM）とは，顧客に関するあらゆる情報を一元管理し，顧客のニーズを正確に把握して，顧客への適切なアプローチを実現する経営手法である．顧客との長期的な関係構築，顧客満足及びロイヤルティ向上に活かすことが可能である．

7.3.1　顧客のニーズ，期待及び要望の理解（続き）

c)　顧客のニーズ，期待及び要望への適応

発端が何であろうと（例えば，法律，社会，技術，環境，ファッション，競合相手，イノベーション），製品及びサービスが，変化に対応して適応及び更新された状態であることを顧客が期待するのは普通のことである．

組織は，次の事項を行うことが望ましい．

— 市場及び顧客の需要の中で起こり得る変化を予測し，適応可能な能力を備える．
— 顧客の聞き取り調査の結果［**7.3.1 a)** 参照］を用いて，明示された顧客の要求事項及び明示されていない顧客の要求事項をサービスの要求事項に変換する．

注記　ニーズを予測することは，明日の環境を考えることを意味する（例えば，今日販売されている製品及びサービスも将来に備えたものである．）．

顧客のニーズ，期待及び要望への適応に関する規定事項の実施のための適切な取組みには，次の事項を含む場合がある．

1) トレンド調査を実施し，トレンドを追跡及び予測する．

2) プロセス・リエンジニアリングを構築する．

3) 進行中の変化・変革のマネジメントを実施する．

4) 明示された顧客の要求事項及び明示されていない顧客の要求事項を重要なサービスの要求事項に変換するために，"顧客の声（voice of the customer）"のような方法を用いる．

■解　説

書き出しがやや異質であるが，副次要素 c) の顧客のニーズ，期待及び要望への適応について，様々な要因変化に対するサービスの適応とアップデートを念頭に，"起こり得る変化の予測と適応の能力の準備""明示されていない要求事項のサービスへの要求事項への変換"などを行うことが推奨されている．なお，ファッション（fashion）は，流行・様式の両方を表している．適切な取組みでは，7.3.1 a) と同様に VoC が述べられている．

7.3.2　卓越した顧客体験の設計及び改良

7.3.2　卓越した顧客体験の設計及び改良

カスタマーデライトを達成するために，組織は卓越した顧客体験の提供を設計，実施及びマネジメントすることが望ましい．

この要素は，次の4項目に分けられる．

a) 顧客体験の設計及び文書化

目指す体験は，顧客のニーズ，カスタマージャーニー並びに顧客及び従業員双方の感情の結果を含めて，顧客の視点から設計することが望ましい．

組織は，次の事項を行うことが望ましい．

— 顧客体験を効率的かつ効果的に文書化する．

— 変わりつつある顧客の期待，競合相手の活動，イノベーションの動向及び外部環境の大きな変化を確実に反映させるために，定期的に文書をレビューする．

顧客体験の設計及び文書化に関する規定事項の実施のための適切な取組みには，次の事項を含む場合がある．

1) サービスブループリントを開発し，利用する．

2) カスタマージャーニー中の感情を調査し，顧客セグメント，プロファイル及び／

又はペルソナを構築する．

3) クリティカル・インシデント法を用いる．

4) ブランド価値に沿ったサービスの姿勢を定義し，それらを従業員の行動及びカスタマージャーニーのための要求事項に置き換える．

5) 顧客及び従業員のためのワークショップを用いて，目指す顧客体験につながるカスタマージャーニーを共創し，従業員と緊密に協力して実施する（当事者経験に基づく協働設計）．

6) 組織内の縦割り思考を克服するために，顧客体験文書を共有する（すなわち，社内のオンラインプラットフォームを使用する．）．

■解　説

カスタマーデライトを達成するために，卓越した顧客体験の提供に関する設計・実施・マネジメントが推奨されている．この要素は四つの副次要素 a)～d) に分けられ，a) の顧客体験の設計及び文書化では，目指す顧客体験を顧客の視点から設計することが推奨されており，その中では顧客のニーズ，カスタマージャーニーを対象にするだけでなく，顧客と従業員双方の感情の結果を含めることの必要性が述べられている．更に，顧客体験に関する文書化とその定期的なレビューについての推奨事項が述べられている．

適切な取組みにあるサービスブループリントは，ある特定のサービス提供プロセスにおける，顧客とサービス提供者との直接的な接点（フロントステージ）及び舞台裏（バックステージ）でのプロセス及び資源を可視化したサービスの運用設計図であり，サービス及び顧客体験の最適化の検討などに役立つ．サービスブループリントは JIS Y 24082 でも扱われており，第 4 章の 5.5.2 の解説での適切な取組み例でも紹介する（152 ページ）．

ペルソナとは，ターゲットとなる架空の人物像を設定し，その人物像に対してサービス開発を行う手法又はその人物像のことである．調査から得られた情報に基づき，氏名，年齢，職業，価値観，ライフスタイル，該当サービスに関する知識や反応などを具体的に細かく設定する．関係者間での意思疎通の円滑化や，全プロセスにおけるターゲット像の指針策定に役立つ．

クリティカル・インシデント法は，顧客の満足及び不満足を決定付ける重要な点（クリティカル・インシデント）について顧客に直接質問し，サービスの成功要因及び失敗要因を特定する定性的な調査手法であり，重要要因への対処によって，効果的かつ効率的な改善が可能となる．

7.3.2　卓越した顧客体験の設計及び改良（続き）

b)　組織のサービス標準の設定及びサービスに関する約束の提供

望まれた顧客体験を提供するために，組織は市場をリードする内部標準を設定及び維持し，定期的にそのサービスに関する約束を超えることが望ましい．

組織は，次の事項を行うことが望ましい．

— 顧客の視点及び顧客の言語で内部のサービス標準を考案する（アウトサイド・イン）．
— 内部のサービス標準をあらゆるレベルで実施することに対する責任をもつよう経営陣を奨励する．
— 従業員がこれらの標準の重要性を完全に理解していること，並びにこれらの内部標準に関連した個々のパフォーマンス及び組織全体のパフォーマンスに関する情報が従業員に提供されることを確実にする．

組織のサービス標準の設定及びサービスに関する約束の提供に関する規定事項の実施のための適切な取組みには，次の事項を含む場合がある．

1)　明確に定式化されたサービスレベル又は総合的満足度を顧客に伝える．これは，サービス保証，サービス又は顧客憲章，及びサービス公約のような行動規範を用いて実施することが可能である．

2)　全てのカスタマージャーニーに対して内部のサービス標準を使用する．

■解　説

副次要素 b) の組織のサービス標準の設定とサービスに関する約束の提供では，市場をリードする内部標準の設定・維持だけでなく，定期的にそのサービスに関する約束を超えることが推奨されている．内部のサービス標準とは，サービス提供に関する組織内での基準のことである．必ずしも全てが顧客から直接みえる，あるいはそのとおりに知覚されるものではなく，それらへの寄与を考慮して定められる基準が含まれ得る．

推奨事項のリストの１番目にあるアウトサイド・インとは，顧客側の視点で顧客体験からサービスを眺めることであり，サービスエクセレンスの原則

a) の原文でも，外部視点を表すものとして使われていた．インサイド・アウト（提供側の視点でサービスを届ける）との組合せで，カスタマージャーニーとサービスブループリントを書くときなどによく用いられる言い方である．

推奨事項のリストの2番目にある，あらゆるレベルでの実施とは，適切な取組みにあるように，対象とする全てのカスタマージャーニーにおける内部のサービス標準の設定などを意味する．

7.3.2　卓越した顧客体験の設計及び改良（続き）

c)　組織全体への顧客体験の概念の展開

顧客体験の概念は，その展開における要求事項を文書で示すものであることが望ましい．

組織は，次の事項を行うことが望ましい．

— 全ての展開において現場のチーム及び経営陣を関わらせる．
— 大規模な組織及び分散化したチームをもつ組織の場合には，チームが企業標準の枠組みの中で顧客及び関連する請負業者と共同で顧客体験の概念を構築するような現場での使用にも，顧客体験の概念の展開が適応できることを確実にすることが望ましい．

組織全体への顧客体験の概念の展開に関する規定事項の実施のための適切な取組みには，次の事項を含む場合がある．

1)　創造性に富んだブレインストーミングの手法及び提案スキームの使用
2)　顧客への注意力を向上させることに注力した継続的な改善プログラムの実施
3)　他の組織とのベストプラクティスに関する意見交換

■解　説

副次要素 c) について，組織全体へと設計した顧客体験の概念を展開する上では，そこに含まれる要求事項を文書で示すことが推奨されている．概念がわかりづらい場合には，顧客体験の“コンセプト”（意図，構想）と読み替えるのがよい．

推奨事項のリストの2番目は長い表現になっているが，展開された顧客体験の概念は，なにも自組織の経営陣や主要企画チーム間だけで使用されるものではないことを述べている．顧客や請負業者と共同して行うようなローカルな使用に対しても顧客体験の概念を適宜変更させて合わせられることを組織が確実にすることが推奨されており，これは特に，大規模化・分散化した組織において重要である．

7.3.2　卓越した顧客体験の設計及び改良（続き）

d)　サービスリカバリーのエクセレンス

個別の方法及び驚きのある方法で，発生した又は既存の問題及び苦情について顧客を支援することは，卓越した顧客体験及びカスタマーデライトを創出するための重要な前提条件である．

組織は，次の事項を行うことが望ましい．

— 目指す顧客体験を基に，問題若しくは苦情又はその両方をもつ顧客に卓越した顧客体験を提供するためのサービスに関する約束，サービスのコンセプト及びサービス標準を設計する．

サービスリカバリーのエクセレンスに関する規定事項の実施のための適切な取組みには，次の事項を含む場合がある．

1)　目指す体験を提供するために，アクセスのしやすさ，手軽さ及び積極性に関する要求事項を明確にする．

2)　先を見越した解決策を構築する（例えば，予測解析を通して）．組織は，顧客が遭遇する可能性のある問題を把握しており，そのような問題を回避するために，積極的に顧客に知らせる．

3)　顧客に対して，サービスリカバリーのサービスレベルに関する特定のサービス保証を伝達する．

■解　説

副次要素 d) はサービスリカバリーに関するものである．問題と苦情への対処自体は図 2.4（36 ページ）のサービスエクセレンスピラミッドのレベル 2 に相当するが，それを個別の方法と驚きのある方法で手助けしていくことは，卓越した顧客体験とカスタマーデライトの創出が成り立つための基となる大きな条件であることが述べられている．

サービスの提供はどの顧客に対してもいつも成功するわけではない．サービスの失敗は企業の評判を落とす可能性があるが，その機会でうまくリカバリーすることができれば，好印象の獲得や顧客との関係性の構築につながることは以前よりいわれてきた．

個別的な方法と驚きのある方法でのリカバリーは，レベル3の個別の優れたサービス，レベル4の驚きのある優れたサービスを示唆している．本規格としての特徴がここにあり，これらを規定するサービスに関する約束，コンセプト及びサービス標準の設計が推奨されている．

適切な取組みの一つ目にある“アクセスのしやすさ，手軽さ及び積極性に関する要求事項”は，サービスに対する顧客からの要求である．アクセスのしやすさの原文はアクセシビリティ（accessibility）である．積極性の原文はproactivityであり，サービス提供者がどの程度前もって取り組むべきかを意味している．

7.3.3　サービスイノベーションマネジメント

7.3.3　サービスイノベーションマネジメント

顧客のニーズ及び期待は変化しており，未発見であること又は顧客自身でさえも理解していないことはよくある．今日の顧客の期待を上回るものは，明日の標準的な要求事項になることがある．

サービスエクセレンス及びカスタマーデライトを目指す組織は，継続的にサービス提供を改善しなければならない．これは，顧客及びその他の関係する利害関係者と緊密に協力することで実現することが望ましい．イノベーションは，現在の取組みを改善することで段階的な進歩となる場合も，又は新しい取組みを開発及び実施することで飛躍的な進歩となる場合もある．このように，サービスイノベーションは，例えば，より良いサービス提供及び新しいビジネスモデルへと導く，新しいサービス及び顧客に対する約束並びに改善されたプロセスのパフォーマンスを通して，顧客に特別な付加価値をもたらす．

この要素は，次の2項目に分けられる．

a)　イノベーション文化

組織は，顧客及び従業員の視点からサービスエクセレンスイノベーションの文化を奨励及び発展させることが望ましい．組織は，新しいアイデア及び取組みを導入するために，創造力，発想力及び挑戦を奨励することが望ましい．

組織は，次の事項を行うことが望ましい．

— 共同的で，アジャイルで，開放的なイノベーション文化を実装する．
— イノベーションの実施を促進する機会及び新しい技術を継続的に探求する．

— 革新的なアイデア及び取組みに対して，従業員に報酬を与える．
— 効果的で迅速な方法でイノベーションを実施するために，時間及び資源を配分する．

イノベーション文化に関する規定事項の実施のための適切な取組みには，次の事項を含む場合がある．

1) アイデアを生み，かつ，それを捉える方法の利用
2) 創造的な技術の利用
3) サービス設計手法及びサービス設計方法の利用
4) 従業員又はチームがイノベーションに取り組むための専用の時間枠の編成
5) 顧客及びその他の利害関係者とのイノベーションにおける共創の構築

■解　説

要素名にイノベーションとあるが，ここではまず継続的なサービス提供の改善が要求されている．続く本文においても，この継続的な改善とイノベーションとの切り分けが明確でないが，段階的／飛躍的な進歩という表現で言い表されるサービスイノベーションは，新しいサービスや顧客との約束，より良いサービスの提供や新たなビジネスモデルにつながるプロセスのパフォーマンス向上などを通して，顧客に特別な付加価値をもたらすとされる．

この要素は二つの副次要素 a)～b) に分けられ，a) のイノベーション文化では，顧客と従業員双方の視点からサービスエクセレンスに関わるイノベーションの文化を奨励・発展させることが推奨されている．創造力・発想力・挑戦が奨励されることによって，新しいアイデアと取組みの導入が可能となる．

より具体的には，“共同的，アジャイル及びオープンなイノベーション文化の実装”“イノベーションの促進機会と新しい技術の継続的な探求”“革新的なアイデアや慣行に対する報酬設定”などを行うことが推奨されている．

適切な取組みにあるサービス設計手法は tool，サービス設計方法は method の訳に対応する．tool とは，第4章の JIS Y 24082 内の適切な取組みでも紹介するような個々の具体的な技法や様式（ペルソナやカスタマージャーニーマップなど）を表している．これに対して method は，複数の tool を組み合わせたような一連の方法やアプローチ（問題解決やデザイン思考の方法論など）を表している．

7.3.3 サービスイノベーションマネジメント（続き）

b) 構築されたイノベーションプロセス

組織は，サービスエクセレンスイノベーションを定期的に導入するために，構築したイノベーションプロセスをもつことが望ましい．

プロセスは，アイデアの創出，考案，発展及び市場投入の四つのステップから構成することが望ましい．これらのステップは，複数の価値の観点（例えば，新しいサービス，コアサービス，サービス提供，補足的なサービス）からサービスエクセレンスイノベーションの連続する大きな流れを創出及び経営管理するために必要である．

組織は，次の事項を行うことが望ましい．

— イノベーションを促進することに役立つ実質的な接点のネットワーク（例えば，顧客，バリューチェーンにおける組織，大学，スタートアップインキュベーター，その他の関連機関）をもつ．
— イノベーションの目標を達成するために，進行中のイノベーションプロセスに十分な時間，資源及び配慮を割り当てる．
— 顧客対応のための革新的なプロセスを設計する．

構築されたイノベーションプロセスに関する規定事項の実施のための適切な取組みには，次の事項を含む場合がある．

1) イノベーション委員会の利用．イノベーション委員会とは，新しいアイデアを決定するために定期的に集まる委員会のことをいう．

2) イノベーションファンネルの活用．イノベーションファンネルとは，イノベーションプロセスの次の各段階へ進むために，特定の段階，及び決行又は中止を決定又は管理するゲートを使用することで，イノベーションプロセスを構築する概念のことをいう．

3) 共創の構築．共創によって，顧客は現在のカスタマージャーニーを表現するだけでなく，理想的なカスタマージャーニーも表現する．最終段階では，この理想的なカスタマージャーニーを実施することに役立つ．

4) 価値提案，サービス戦略並びに目指す関係性及び顧客体験との関連に基づき，革新的なビジネスモデルを設計するための，ビジネスモデルキャンバスの使用．

■解　説

副次要素 b) では，構造化されたイノベーションプロセスをもつことが推奨されており，これによってサービスエクセレンスに関わるイノベーションの定期的な取入れに向かうことができる．また，複数の価値の観点から大きな流れを創出し，マネジメントできるよう，イノベーションプロセスをアイデアの創出，考案，発展，市場投入の四つのステップで構成することが推奨されている．

その次にあるコアサービス，補足的なサービスは，序文の解説で紹介したフラワー・オブ・サービスに関する言い方である．また，より具体的なものとして，“イノベーションの促進を助けるネットワークの構築”“進行中のイノベーションプロセスへの十分な時間，資源，配慮の割り当て”及び“顧客対応の方法に焦点をあてた設計”などを行うことが推奨されている．

適切な取組みにあるビジネスモデルキャンバスとは，九つの要素で構成される一枚図によって，ビジネスモデルを可視化するフレームワークである．誰にどのような価値を提供するかは，新規又は既存事業における強固なビジネスモデルの検討及び構築にあたっての鍵であり，それを効率的に設定又は見直すことが可能である．

価値提案については JIS Y 24082 の 3.6 を参照されたい．また，ここでの共創の構築は企画・設計段階を意図した書き方になっている．加えて，2.3.4 項及び JIS Y 24082 の 4.4（44 ページ及び 133 ページ）に記載されるように，サービスの提供や利用のプロセス全般にもわたるものとして検討すべきものである．

7.4　運用面でのサービスエクセレンス

7.4.1　顧客体験に関連する効率的かつ効果的なプロセス及び組織構造のマネジメント

7.4　運用面でのサービスエクセレンス

7.4.1　顧客体験に関連する効率的かつ効果的なプロセス及び組織構造のマネジメント

組織は，顧客及び外部環境の変化しつつある既存のニーズ及び期待に対応可能なように，適切なプロセス，技術，手法及び組織構造をもつことが望ましい．組織は，顧客体験の概念を実現し，卓越した顧客体験へとつながるカスタマージャーニーを開発し，実施し，マネジメントすることが望ましい．この点に関して，サプライヤー及びその他の組織を含む全てのサービスバリューチェーンには，卓越した顧客志向の重要性を反映させることが望ましい．加えて，従業員のニーズ（例えば，従業員のフィードバック）も含むことが望ましい．

この要素は，次の 3 項目に分けられる．

a)　顧客体験に関連するプロセスのマネジメント

組織は，顧客のニーズ，期待及び要望の変化に対応するために，内部プロセス及び顧客体験に関連するプロセスをパートナーと連携させることが望ましい．

注記　顧客体験に関連するプロセスマネジメントは，顧客のニーズ，期待及び要望を満たし，上回るために，顧客体験に関連する全てのプロセスを識別，設計，実施，監視，報告及び改善する．

組織は，次の事項を行うことが望ましい．

— 目指す顧客体験を提供し，個別の優れたサービス及び驚きのある優れたサービスを提供する顧客体験に関連するプロセスを開発及び実施する．

顧客体験に関連するプロセスのマネジメントに関する規定事項の実施のための適切な取組みには，次の事項を含む場合がある．

1) 顧客体験に関連するプロセスの定期的な評価（例えば，覆面調査，サービスエクセレンスの監査，パフォーマンスのKPIの監視，ソーシャルメディア）
2) 顧客の視点からのプロセス品質の評価（例えば，カスタマージャーニーの監視，顧客の日記調査，定期的な顧客調査）
3) 顧客体験に関連するプロセスの定期的な改善（例えば，サービス及びプロセスのアイデア及びニーズを交換するためのエラー又は苦情マネジメント，QCサークル，ユーザーグループ，顧客コミュニティ）
4) 顧客体験に関連するプロセスの定期的な改訂

■解　説

顧客や外部環境の変化などに対応できるよう，顧客体験に関わる適切なプロセス，技術，手法及び組織体制をもつことが推奨される．目指す顧客体験のコンセプトを実現し，卓越した顧客体験へとつながるカスタマージャーニーを自組織が実現するだけでなく，そこに存在する卓越した顧客志向の重要性を，サプライヤーなどを含むサービスのバリューチェーン全体に反映させていくことが推奨されている．

この要素は三つの副次要素 a)～c) に分けられ，a) の顧客体験に関するプロセスのマネジメントでは，内部プロセスと顧客体験に関わる全てのプロセスをパートナーと連携させることが推奨されている．マネジメントの内容は，識別，設計，実施，監視，報告，改善など多岐にわたる．この要素がパートナーへの考慮を重視している点は，箇条7の解説冒頭及び図 3.3（68ページ及び69ページ）でも述べた．

また，本規格（特に 7.3.2）で規定してきたエクセレントサービスと卓越した顧客体験に関わるプロセスの開発と実施が推奨されている．

7.4.1　顧客体験に関連する効率的かつ効果的なプロセス及び組織構造のマネジメント（続き）

b） 顧客体験に関連する技術及び手法の展開

技術及び手法は，組織が卓越した顧客体験を提供するのに役立つことが望ましい．それは，組織がサービスエクセレンスをマネジメントし，日常の業務の中で従業員を支援することにも役立てることが可能である．

組織は，次の事項を行うことが望ましい．

— 卓越した顧客体験を提供するために，適切な技術及び手法を用いる．

— 安全な方法で顧客のデータを取り扱う．

顧客体験に関連する技術及び手法の展開に関する規定事項の実施のための適切な取組みには，次の事項を含む場合がある．

1） 多次元データ又は多変量データを表示するグラフィカルな方法（例えば，レーダーチャート，スパイダーチャート），及び顧客との相互作用を表示するグラフィカルな方法（例えば，カスタマージャーニーマッピング）を用いる．

2） ツールボックスを用いて，顧客接点を最適化及び同期することによって，顧客体験を戦略的にマネジメントする（例えば，顧客体験マネジメント）．

3） 組織と顧客との間でのクラウドシェアリング（群衆共有）を可能とする，共有データベース及び統合データベース（チャンネルから独立した）を提供する．

4） 個人を認識し，個別化された情報及び選択肢を提供するデジタルデバイスを用いる．

5） 例えば，人工知能，チャットボット，音声アシスタントシステムといった，顧客の要求に自動的に対応するためのデジタル技術を用いる．

6） 目指す体験を創出する技術を用いる．

7） 例えば，安全で顧客を納得させるデータ処理システム並びにリスク及び違反に関するネットワーク監視といった安全な体験を創出するために，プロセス及び技術を用いる．

■解　説

要素名（7.4.1 の名称）からはわからないが，この副次要素 b）では，顧客体験に関連する技術と手法の展開について，それらを卓越した顧客体験の提供に役立てることが推奨されている．これは，サービスエクセレンスのマネジメントだけでなく，日常業務における従業員への支援にもつながる．また，安全な方法で顧客のデータを取り扱うことも推奨されており，この点については7.3.1 b) 及びJIS Y 24082 の 5.5.4 の内容とも関係する．

適切な取組みでは，他の要素と副次要素と比較して非常に具体的なものが並んでいる．カスタマージャーニーマッピングは，顧客がある製品又はサービスを知り，実際に購入するまでの行動及び心理の流れを旅に例えて（カスタマージャーニー），顧客の行動視点で可視化する手法である．購入障壁・無駄の削除，顧客へのアプローチ方法の改善などに役立つ．これについてはJIS Y 24082 の中で改めて解説する．

3番目にある“チャンネルから独立した”は，特定のチャネル（ウェブサイトや店舗など集客のための媒体，経路）に依存しないことを表している．

7.4.1 顧客体験に関連する効率的かつ効果的なプロセス及び組織構造のマネジメント（続き）

c) 組織構造及びパートナーシップのマネジメント

組織は，特に顧客及び従業員のニーズ及び要求事項に関して，柔軟な構造をもつことが望ましい．

組織は，次の事項を行うことが望ましい．

— 顧客中心のアプローチの実施を促すよう調整する．
— 内部の縦割り化を回避可能なように，顧客体験に関連するプロセスに沿って構築する．
— 顧客体験に影響を与えるパートナー及びその他の関連する利害関係者と緊密に協力して投資する．

組織構造及びパートナーシップのマネジメントに関する規定事項の実施のための適切な取組みには，次の事項を含む場合がある．

1) エンド・ツー・エンドのプロセスの中のサービスにおいて，サービスエクセレンスの要素の文書化及び定期的なコミュニケーションを用いる．組織が掲げるカスタマーデライトに影響を与える，内部及び外部の全てのサービス提供者及び必要な補助的プロセスを含む，バリューチェーン全体を表現する．
2) 顧客及び従業員のニーズ及び要求事項に関するデータに基づく洞察及びKPIに基づいて，組織構造を定期的にレビューする．次に例を示す．
   — ベンチマーク及びベストプラクティス

— カスタマーデライトに関するワークショップ
— 革新的なサービスアイデアに関するワークショップ
— プロセスアプローチに従うための組織構造の調整

3) 卓越した顧客体験に影響を与えるサプライヤー，内部の顧客及びその他の組織とのパートナーシップに関する合意若しくはサービスレベルの合意（SLA）又はその両方の使用

4) 組織が提供する研修のような，改善及び開発に関する活動をパートナーの組織内で実現すること

■解　説

副次要素 c) の組織構造とパートナーシップのマネジメントでは，特に顧客と従業員がもつニーズと要求に関して，柔軟な組織構造をもつことが推奨されている．組織構造は，顧客中心アプローチを奨励できるように調整されるとともに，顧客体験に関わるプロセスに沿って構築されることが推奨されている．また，顧客体験に影響を与えるパートナーや利害関係者との緊密な協力への投資も推奨されている．

適切な取組みにある「エンド・ツー・エンドのプロセスの中のサービスにおいて…」については，エンド・ツー・エンドも日本語に訳す場合，「サービスエクセレンス要素に関する文書と定期的なコミュニケーションを，端から端まで（全ての）サービスのプロセスにおいて適用する」というように理解いただきたい．

また，サービスレベルの合意（SLA）は，service level agreement のことであり，サービス提供者が顧客との間で，提供するサービスにおいて合意した品質保証レベルや水準を指す．

7.4.2　サービスエクセレンスの活動及び結果の監視

7.4.2　サービスエクセレンスの活動及び結果の監視

組織は，サービスエクセレンスモデルの全ての要素に焦点を当てた一連の内部及び外部の指標を開発し，体系的に利用しなければならない．

トップマネジメントは，組織の全部門における監視，改善及び革新のために，この指

標を用いることが望ましい.

可能であれば，指標及びその使用方法を，定期的に評価及び改良することが望ましい.

この要素は，次の4項目に分けられる.

a) 因果関係

組織は，サービスエクセレンスの効果の連鎖（**図2**参照）の要素及びそれらの関係性の最も重要な決定要因又は指標を理解することが望ましい.

注記 因果関係の例としては，次のものがある.

— 従業員エンゲージメントとカスタマーデライトとの間の関係（及びその逆の関係）

— 顧客の認識，姿勢及びカスタマージャーニーにおける実際の行動及び／又は自己申告の行動との間の関係

— サービスエクセレンスへの投資と実際の見返りとの間の関係

組織は，次の事項を行うことが望ましい.

— サービスエクセレンスの効果の連鎖の要素及びそれらの関係性における最も重要な決定要因又は指標を測定及び分析する.

因果関係に関する規定事項の実施のための適切な取組みには，次の事項を含む場合がある.

1) 全体的な満足及びカスタマーデライトに影響する最も重要な要因を決定するための，統計分析の使用

2) 特定された因果関係に基づいた原因及び結果のモデルの概説

■解　説

本文の図2は，本書の図3.1（59ページ）にあたる.

サービスエクセレンスの活動及び結果の監視ではまず，サービスエクセレンスモデルの全ての要素に焦点を当てた一連の内部と外部の指標開発とその体系的な利用が求められている．トップマネジメントでは，全部門に対するモニタリング，改善，革新のためにこれらの指標を用いるとともに，可能な場合には定期的に評価・改良することが推奨されている.

この要素は四つの副次要素a)～d)に分けられ，a)の因果関係では，サービスエクセレンスの効果の連鎖の要素とそれらの関係性の中で，最も重要な決定要因／指標を理解し，測定，分析することが推奨されている．この活動を行う上で参照すべき因果関係の例としては，カスタマーデライトに与える従業員

エンゲージメントの影響などがあり，それはサービスプロフィットチェーンにも組み込まれている．

適切な取組みにある“原因及び結果のモデルの概説”については，モデルの略図などをつくり，あらましを説明できるようにすると理解すればよい．

7.4.2　サービスエクセレンスの活動及び結果の監視（続き）

b)　業績評価指標の使用

サービスエクセレンスの概念をマネジメントし，改善するために，組織は因果関係に基づき，インプット，処理，アウトプット及び成果の一連の指標を用いることが望ましい．

組織は，次の事項を行うことが望ましい．

— 指標をサービスのスコアカードに統合する．

業績評価指標の使用に関する規定事項の実施のための適切な取組みには，次の事項を含む場合がある．

1) 特定の取引及び関係性の認識を含む顧客体験についての成果指標の使用．例として，顧客体験，顧客労力，顧客満足，カスタマーデライト，顧客の幸せ及び顧客エンゲージメントに関連するスコア及び指標がある．

2) 正味推奨者比率，維持率又は離脱率，顧客内シェア及び顧客生涯価値のような金銭的な結果といった，意図した実際の顧客行動の使用

3) 専門的なエクセレントサービスの力量，従業員の関与，意欲及びエンゲージメントといった，従業員のスキル，認識及び行動に関する指標の使用

4) コミュニケーション・チャンネル，カスタマージャーニー及び内部（支援）プロセスのような運用パフォーマンスに関する指標の使用

5) 評判及びブランディングに関する指標の使用

6) 組織の学習，改善及びイノベーションに関する指標の使用

■解　説

副次要素 b) の業績評価指標の使用では，サービスエクセレンスの概念のマネジメントと改善のために，a) で定めた因果関係に基づいた入力，処理，出力，成果の一連指標の利用が推奨されている．更に，サービスのスコアカードの統合が推奨されている．

スコアカードは，バランスト・スコアカード（balanced score card）など

のように，特定の目標に向けた達成又は進捗を測定するために使用される統計指標のことであり，そこにサービスに関する指標セットを用いたものが，サービスのスコアカードである．

適切な取組みにある顧客労力は，原文では customer effort である．成果指標としては，customer effort score（顧客労力指標，あるいは顧客努力指標）として知られる指標及び調査方法があり，NPS® などの顧客ロイヤルティ調査と並んでよく用いられる．なお，WG 1 では，customer effort が何であるかを定義すべきとのコメントがあったものの，一般的な用語であるために説明は追記しないことになった．

顧客エンゲージメントについては，JIS Y 24082 を 5.6.3 の解説（164 ページ）を参照されたい．

7.4.2　サービスエクセレンスの活動及び結果の監視（続き）

c）　測定手法の使用

組織は，継続的に目標に応じた測定手法を用いることが望ましい．

組織は，次の事項を行うことが望ましい．

— そのクラス内で最高のパフォーマンスを発揮している組織の基準を用いて，ベンチマークを構築する．
— 否定的及び肯定的なサービスエクセレンスに関連する成果から学ぶ．

測定手法の使用に関する規定事項の実施のための適切な取組みには，次の事項を含む場合がある．

1）定性的及び定量的な調査，又はインタビューのような，利害関係者の認識を測定するための手法の使用
2）覆面調査のような，サービスレベル，共感及びプロセスを測るための手法の使用
3）データベース分析のような，顧客の実際の行動を測定するための手法の使用
4）ソーシャルメディアの監視

■解　説

副次要素 c) の測定手法の使用に関して，継続性と合目的性をもった上での測定手法の選択に加え，その業界で最高のパフォーマンスをもつ組織の基準を用いたベンチマークの構築が推奨されている．後者の“そのクラス内で最高

のパフォーマンス”は“best-performing organizations in its class”の訳であるが，これに似た表現で ISO/TC 312 の中で最近よく用いられるものとして“best-in-class”がある．

なお，“否定的及び肯定的なサービスエクセレンスに関連する成果から学ぶ.”とある推奨事項は，サービスエクセレンスに関連した目標からのずれから学ぶことを述べており，現状が目標を上回っている場合（肯定的）と下回っている場合（否定的）の両方を学習対象にしている．

“データベース分析”とは，顧客行動などに関係したデータベースの分析全般を指しており，CRM の文脈でよく用いられる．

7.4.2　サービスエクセレンスの活動及び結果の監視（続き）

d)　運用的，戦術的及び戦略的なレベルにおける指標の使用

指標は，組織の前向きなサービス文化を支援し促進するために，及びグッドプラクティスをエクセレントプラクティスへと発展させるために使用することが望ましい．

組織は，次の事項を行うことが望ましい．

— 透明かつ頻繁に，全ての関係する利害関係者と結果を共有する．
— 到達点，パフォーマンス，及び可能な場合には改善を決定するために，組織の全部門及び全階層で指標を用いる．
— 定量的なデータに加えて，顧客及び従業員の体験及び体験談のような定性的なデータを得る．

運用的，戦術的及び戦略的なレベルにおける指標の使用に関する規定事項の実施のための適切な取組みには，次の事項を含む場合がある．

1)　ダッシュボード，パフォーマンスウォール，バロメータ及びビデオ画面上でのナローキャスティングを用いた結果の視覚化
2)　前向きな文化を発展させるための，賞賛の掲示板の開発
3)　従業員，チーム及び管理者に対する評価及びインセンティブのための結果の使用
4)　利害関係者の各グループに対するフィードバックの使用（各グループに対する明確なコミュニケーション・チャンネルの特定）
5)　企業報告の形式でのサービスエクセレンスに関連する KPI の報告

■解　説

この副次要素の名称である“運用的，戦術的及び戦略的なレベルにおける指

標の使用”が読みづらければ，“運用面，戦術面及び戦略面での指標の使用”などと理解するのがよい．

これまでに述べた指標を，組織文化の支援と促進及び良い取組みの更なる発展のために使用することが推奨されている．そのため，“関係する利害関係者との透明かつ頻繁な結果の共有”“あらゆる部門と階層での指標の活用”及び“顧客や従業員の体験談などの定性データの併用”などを行うことが推奨されている．これは客観性のある活動を総合的に行うことの重要性を示している．

適切な取組みにある“ナローキャスティング”とは，特定のターゲットをねらって狭い範囲で効率的に行う広告や販促活動のことを指す．また，“賞賛の掲示板”の原文は，7.2.2 d) でも触れたように wall of fame である．

参考文献

［1］ **JIS Q 9001**　品質マネジメントシステム—要求事項
［2］ **JIS Q 10002**　品質マネジメント—顧客満足—組織における苦情対応のための指針
［3］ **ISO 10004**，Quality management—Customer satisfaction—Guidelines for monitoring and measuring
［4］ **ISO 10018**，Quality management—Guidance for people engagement
［5］ **ISO 16355-1**，Application of statistical and related methods to new technology and product development process—Part 1: General principles and perspectives of Quality Function Deployment（QFD）
［6］ **JIS Q 20000-1**　情報技術—サービスマネジメント—第 1 部：サービスマネジメントシステム要求事項
［7］ **ISO/TS 23686** [2)]，Service excellence—Measuring service excellence
［8］ **JIS Y 24082**　サービスエクセレンス—卓越した顧客体験を実現するためのエクセレントサービスの設計
［9］ **ISO 37000** [3)]，Guidance for the governance of organizations
［10］ **JIS Q 38500**　情報技術—IT ガバナンス
［11］ **CEN/TS 16880**，Service excellence—Creating outstanding customer experiences through service excellence
［12］ **JIS Q 9000**　品質マネジメントシステム—基本及び用語
［13］ **ISO 41011**，Facility management—Vocabulary

注 [2)]　開発中．発行段階でのステージ：**ISO/WD TS 23686**:2021
注 [3)]　開発中．発行段階でのステージ：**ISO/FDIS 37000**:2021

第 4 章　JIS Y 24082 の逐条解説

本章では，ISO/TC 312/WG 2 で策定された ISO/TS 24082 の対応規格である JIS Y 24082 について解説する．本規格はサービスエクセレンスモデルにある「卓越した顧客体験の創出」に関わる設計活動を中心に構成したものである．

サービスエクセレンスとは組織能力であり，顧客視点でいえばポジティブな感情を伴う顧客体験の提供がポイントであった．これは設計[*1]においても同様である．更に本規格では，顧客体験の理解や個別化に関わるデータ取得の計画づくり，及び顧客との共創を促進する環境づくりなどを取り入れることで，一般的なサービスデザインの考え方との差異を強調する．

ここ 10 年ほどの間に実務での利用が広がったサービスデザインの手法は，民間のサービス開発に影響を与えただけでなく，行政サービスなど提供者の視点が強かった対象を利用者中心の構造へと転換する際にも積極的に活用されるようになった[*2]．エクセレントサービスの設計に関する本規格についても同様の広がりが期待されており，サービスを提供する全ての組織の方々にぜひ活用してもらいたい．

本書では，JIS Y 24082 の図表は転載しておらず，解説向けにつくりなおしたものを掲載している．この都合上，規格本文中で参照される図表番号が本書での図表番号にどう対応するかについて，各解説冒頭で記している．

[*1] ここでの設計は，その対象を物理的製品に限るような狭義の設計ではなく，人間活動やソフトウェアなども含めた広義の設計（デザイン）と同義である．本書では様々なカタカナ用語を使用しているため，読みやすさを保てるよう，その多くを単に設計と表記する．ただ，サービスデザインなど，ある程度固有の内容を想定して言及する場合には，デザインと表記する．

[*2] 例えば，“行政におけるサービスデザイン推進に関する調査研究報告書”（一般社団法人行政情報システム研究所，2018）

この規格の構成は次のとおりである.

序文
1　適用範囲
2　引用規格
3　用語及び定義
4　エクセレントサービスのための設計の原則
4.1　概要
4.2　感情面
4.3　適応性
4.4　顧客との共創性
4.5　組織と顧客の視点との整合性
5　エクセレントサービスの設計活動
5.1　全体的なプロセス
5.2　エクセレントサービスに関する設計プロジェクトの計画
5.3　顧客に対する理解及び共感
5.4　設計課題及び独自の価値提案の明確化
5.5　顧客接点及びデータポイントによる卓越した顧客体験の設計
5.6　共創環境の設計
5.7　エクセレントサービスのための設計の評価
附属書A（参考）サービスデザイン思考の6原則
附属書B（参考）狩野モデル—顧客にデライトをもたらすものの理解
附属書C（参考）顧客の積極的な参加及びサービス提供者の顧客中心性のレベルの例
附属書D（参考）てこの原理を利用したカスタマーデライトの達成
附属書E（参考）カスタマージャーニーマッピング
参考文献
附属書JA（参考）JISと対応国際規格との対比表

序文

序文

この規格は，2021 年に第 1 版として発行された **ISO/TS 24082** を基とし，国内の実態を反映するため，技術的内容を変更して作成した日本産業規格である．

なお，この規格で点線の下線を施してある箇所は，対応国際規格を変更している事項である．技術的差異の一覧表にその説明を付けて，**附属書 JA** に示す．

今日の競争の激しい世界において，顧客の期待は変化しており，絶えず進化し，成長を続けている．組織は，顧客基盤の維持及び拡大のために，より良く，より差別化された顧客体験を創出する必要性に迫られている．このため，組織は，顧客の期待，ニーズ，要望，問題及び体験を理解することが不可欠である．これらは，サービスを設計するためのインプットとして利用される．

エクセレントサービスは，卓越した顧客体験を実現するための鍵であり，それがカスタマーデライトにつながる．エクセレントサービスを通じて顧客とのより良い継続的な関係を構築することは，組織をその競合他社から差別化することになる．

JIS Y 23592 では，**図 1** に示すサービスエクセレンスピラミッドにおいて，サービスエクセレンスを“個別の優れたサービスの提供”（レベル 3）及び“驚きのある優れたサービスの提供”（レベル 4）を可能にする組織の能力として定義している．“サービスエクセレンス”を組織の能力として捉えるのに対して，この規格では“エクセレントサービス”を組織と顧客との間で果たされる，個別の優れたサービス及び驚きのある優れたサービスを提供するものとして解釈する．これによって，組織が卓越した顧客体験を創出することを促進し，カスタマーデライトが達成される．**図 1** に示すように，エクセレントサービスを提供するには，顧客満足を確保するための“コアとなるサービスの提案”（レベル 1）及び“顧客からのフィードバックのマネジメント”（レベル 2）で構成する基盤が必要である．これらは，**JIS Q 9001**，**JIS Q 10002**，**JIS Q 20000-1** などの規格に規定されている．

■解　説

本文にある図 1 は，本書の図 2.7（43 ページ）が対応する．

第 2 章の 2.2 節で述べたように，JIS Y 24082 は ISO/TS 24082 の一致規格ではなく，対応の程度は“MOD”（修正している）である．対応国際規格で推奨事項（～することが望ましい）としているのに対し，国内での規格普及の観点から，JIS では要求事項（～しなければならない）に変更した箇所が幾つかある．これらは，対応国際規格の改訂時に，要求事項に変更するよう，修正提案される予定である.

第3段落，第4段落にある背景はJIS Y 23592と同様であるが，本規格では，顧客体験の創出に重きを置いた導入をしている．その後，第5段落でサービスエクセレンスとエクセレントサービスの違い，並びにエクセレントサービスの構成要素について述べており，これらは2.3.3項（42ページ）で解説した.

序文（続き）

組織は，カスタマーデライトを提供する能力を強化するために，その役割，重要性及び顧客満足とカスタマーデライトとの違いを理解することが望ましい．また，カスタマーデライトを創出し，維持する方法を模索することが望ましい.

ビジネスをより成功させるためには，エクセレントサービスを実現するための特定の設計標準が不可欠である．次に示す設計標準及び設計方法は多くの組織で採用されているが，これらはカスタマーデライトにつながるエクセレントサービスを構築する方法を十分にはカバーしていない.

- **JIS Z 8530** 及び **ISO 9241-220** で規定される人間中心設計（HCD）
- IDEO 及びスタンフォード大学 d スクールが推進するデザイン思考[15]
- HCD 及びデザイン思考の設計アプローチに基づいたサービスデザイン思考[16]

サービス提供者は，顧客にとって価値のある成果を創出することを意図する価値提案を行う．顧客体験及びフィードバックを通じて，価値を共創することが可能であり，サービス提供者及び顧客の双方に便益がもたらされる．インターネット，センサ及びデジタル技術を駆使することは共創を推進する.

■解　説

冒頭の顧客満足とカスタマーデライトの違いの理解について，「両者の違いをより多く説明すべきではないか」との意見が技術仕様書案（DTS）投票時のコメントで出されたが，それは基本規格であるJIS Y 23592にて補足されるべきであるため，今後の改訂に委ね，現状の記述に留めることになった.

第2段落では，本規格の位置付けを明確にするため，基本的サービスを対象とした一般的な設計方法や設計標準について触れて対比している．ほかに対比が可能なものとしては工学設計やシステム設計の方法もあるであろうが，ここでは人間活動を扱い，実務的にも広く普及しているものに限定した．

第 3 段落では，本規格の特徴である共創の側面への問題意識につなげている．序文のこれまでの内容に比べるとわかりづらいと思うため，読み解いておきたい．

3.4 でも述べるが，本規格の用語定義では，共創を“利害関係者の積極的な関与”というプロセスとしてだけでなく，“結果としての価値創出を含むもの”として定義している．ここでの利害関係者には顧客も含まれる．近年のサービス研究やマーケティング分野では，サービスが購入・取引されるときの価値（交換価値：value in exchange）に並ぶものとして，その後の提供者と顧客間の協働で創出される，あるいは顧客体験や使用を通じて認識される価値があり，利用価値（value in use）と呼ばれる．

こうした考え方に基づいて，作業原案では，「提供者による価値提案は，顧客による利用や顧客体験を通じて利用価値になる．」として，価値共創に含まれる“共に創られる価値”を説明しようと試みていた．しかしながら，ある段階で「利用価値が何なのかわからない．」「提供される価値は契約時（とその後の履行）によって全て決まる．だから，共創は契約時までの過程でしか表れず，提供過程や利用過程で価値が共創されるということはあり得ない．」という指摘を受けた．これは特に，リエゾンである ISO/IEC JTC 1（情報技術）/SC 40（IT サービスマネジメントと IT ガバナンス）から出された．

共創の考え方はここ 10 年ほどの間に大分浸透したと思っていたが，国際標準の分野では未だのようである．WG 2 会合の結果，最終的には利用価値の用語をなくすとともに，顧客からのフィードバックの要素を加えることで，顧客だけでなくサービス提供者にも便益がもたらされる側面（共にとって意味のある価値）を交えることで，共創について一定の理解を得た．

次にある“インターネット，センサ及びデジタル技術を駆使”は，近年のサービスの発展と共創の進展を支えてきた情報通信技術（ICT）をより正確に読み解こうとした表現であり，ISDT（Internet, Sensor, and Digital Technology）とでも呼ぶことができる．

序文（続き）

> この規格では，継続的なカスタマーデライトのための共創メカニズムを備えたエクセレントサービスを設計することに焦点を当てている．**表 1** に示すように，この規格の箇条は，**JIS Y 23592** に規定されたサービスエクセレンスモデルの“卓越した顧客体験の創出”の側面に属する要素を規定するものである．

■**解　説**

本文にある表1は，本書の表4.1が対応する．

表 4.1　サービスエクセレンスモデル（列）と JIS Y 24082（行）との関係

	卓越した顧客体験の創出		
	顧客のニーズ，期待及び要望の理解	卓越した顧客体験の設計及び改良	サービスイノベーションマネジメント
箇条 4 エクセレントサービスのための設計の原則			
4.2 感情面	✓	✓	
4.3 適応性	✓	✓	
4.4 顧客との共創性	✓	✓	✓
4.5 組織と顧客の視点との整合性	✓	✓	✓
箇条 5 エクセレントサービスの設計活動			
5.2 エクセレントサービスに関する設計プロジェクトの計画	✓	✓	✓
5.3 顧客に対する理解及び共感	✓		
5.4 設計課題及び独自の価値提案の明確化	✓	✓	
5.5 顧客接点及びデータポイントによる卓越した顧客体験の設計		✓	✓
5.6 共創環境の設計		✓	✓
5.7 エクセレントサービスのための設計の評価	✓	✓	✓

JIS Y 24082 が JIS Y 23592 にあるサービスエクセレンスモデルの“卓越した顧客体験の創出”を具体化したものであることを示すため，表 4.1 を追加した．まず，“顧客のニーズ，期待及び要望の理解”“卓越した顧客体験の設計及び改良”の二つの要素が，箇条 5 のエクセレントサービスの設計活動に対応付けられ，具体化されることがわかる．また，これら二つの要素は箇条 4 のエクセレントサービスの原則にも全て関連する．

一方，“サービスイノベーションマネジメント”の要素については JIS Y 24082 では直接具体化されない／強調されないものの，今後生み出すサービスの内容の革新と創発性を期待できるとして，共創やデータポイントに関連する設計活動への対応付けがなされている．

1　適用範囲

1　適用範囲

この規格は，卓越した顧客体験を実現するエクセレントサービスを設計するための原則及び活動について規定する．この規格は，営利組織，公共サービス及び非営利団体といった，サービスを提供する全ての組織に適用することが可能である．

注記　この規格の対応国際規格及びその対応の程度を表す記号を，次に示す．

ISO/TS 24082:2021，Service excellence—Designing excellent service to achieve outstanding customer experiences（MOD）

なお，対応の程度を表す記号“MOD”は，**ISO/IEC Guide 21-1** に基づき，“修正している”ことを示す．

■解　説

2.3.3 項（42 ページ）で解説したように，エクセレントサービスは基本的サービスを含めたものとして構成されるが，この規格は，特にレベル 3 及びレベル 4 に対応して卓越した顧客体験を実現する高いレベルのサービスを設計するための原則及び活動について規定している．

マーケティング部門，カスタマーサポート部門，商品企画部門及び設計開発部門などのほか，顧客体験に関する部門横断の組織（CX 推進部など）に関わる読者を想定している．

2　引用規格

2　引用規格

次に掲げる引用規格は，この規格に引用されることによって，その一部又は全部がこの規格の要求事項を構成している．この引用規格は，記載の年の版を適用し，その後の改正版（追補を含む．）は適用しない．

JIS Y 23592:2021　サービスエクセレンス—原則及びモデル

■解　説

この規格は，サービスエクセレンスの原則及びモデルを規定した JIS Y

23592:2021 を引用規格としている．この規格は，JIS Y 23592:2021 のサービスエクセレンスモデルの一つの側面である“卓越した顧客体験の創出”に関わる設計活動を中心に規定していることに注意されたい．より具体的には，5.3.2 及び 5.5.2 にて JIS Y 23592 の要求事項及び推奨事項を含んでいる．

3　用語及び定義

この規格は，JIS Y 23592:2021 の用語に加えて，エクセレントサービスの設計に関する次の七つの用語を新たに定義した．なお，JIS Y 23592:2021 の用語のうち，この規格の理解のために特に重要な用語については，この規格の用語及び定義としても規定した．

— エクセレントサービスのための設計，DfES（3.3）
— 共創環境（3.5）
— 独自の価値提案（3.6）
— 顧客接点（3.8）
— データポイント（3.9）
— サービス提供者（3.10）
— 顧客中心（3.11）

3.1
エクセレントサービス（excellent service）
カスタマーデライト（**3.2**）につながる卓越した顧客体験を実現するために，組織と顧客との間で果たされる高いレベルのサービス提供を伴う組織のアウトプット

注釈 1　高いレベルのサービス提供の例としては，サービスエクセレンスピラミッドの個別の優れたサービスの提供（レベル 3）及び驚きのある優れたサービスの提供（レベル 4）がある．

（出典：**JIS Y 23592**:2021 の **3.2**）

3.2
カスタマーデライト（customer delight）
非常に大切にされている若しくは期待を超えているという強い感情，又はその両方に由来する，顧客が体験するポジティブな感情

注釈1 驚きのような感情がより強くなると，カスタマーデライトは更に高まる．
（出典：**JIS Y 23592**:2021 の **3.5**）

■解　説

2.3節（32ページ）及びJIS Y 23592の3.2，3.5の解説（53ページ，54ページ）と同じために省略する．

3.3

エクセレントサービスのための設計（design for excellent service），**DfES**

個別の優れたサービス及び驚きのある優れたサービスの提供を通して，卓越した顧客体験を創出するための体系的設計及び開発のアプローチ

注釈1 このような設計アプローチの背後にある方法論は，“Xのための設計”又は“DfX”方法論として知られている．例えば，“環境適合設計（DfE）”については，**JIS Q 0064** を参照．

■解　説

当初，この用語は4.1の本文で説明するに留めていたが，WG 2でのコメントを受けて，用語定義に移動した．なお，DfESの想定した読み方は“ディー・エフ・イー・エス”である．

“Xのための設計”又は“DfX”方法論は，Xで示される観点（製品でいえば，生産のしやすさ，修理のしやすさなど）を設計の前段階にて特化して取り組んでおくことで，後で問題が生じないようにする／行いやすくするという意味で，フロントローディング型の設計方法論である．この考え方を前提に定義を解釈して，DfESを“エクセレントサービス，つまりは個別の優れたサービスや驚きのある優れたサービスを提供しやすくするための設計のアプローチ”と理解するのもよいだろう．

実は，この規格のタイトルは“エクセレントサービスの設計”（Designing excellent service）であり，DfESと一致していない．これは，大枠では（基本的サービスを含む）エクセレントサービス全体の設計規格としたかったからであり，その上で箇条4と箇条5でDfESに力点を置き，シンプルにしている．

3.4
共創（co-creation）
サービスの設計，提供及びイノベーションにおける利害関係者の積極的な関与
注釈 1　共創は，利害関係者の積極的な関与というプロセスに加えて，その結果としての価値創出までを含む場合がある．
注釈 2　利害関係者には，サービス提供に関わる組織，要員及び顧客が含まれる．
（出典：**JIS Y 23592**:2021 の **3.3** を修正．**注釈 2** を追加．）
3.5
共創環境（co-creation environment）
共創（**3.4**）を促進する環境

■解　説

共創については，JIS Y 23592 の定義を基に注釈を追加した．注釈 2 は，複数部門の関係者やビジネスパートナーなどとの共創に限らず，顧客との共創を重視するため，利害関係者に顧客が含まれることを明確化するものである．

注釈 1 は，序文の解説（117 ページ）でも述べたとおり，プロセスに限らない結果としての意味を伝えるためのものである．この注釈 1 は ISO/TS 24082 には含まれておらず，JIS 原案作成委員会での意見などを考慮して追加された．

共創環境の定義では，他の用語で言い換えるような説明はせず，共創と環境の係り受けを端的に明らかにしている．共創の定義と併せることで，本規格の 4.4 と 5.6 に関わる“顧客との共創とそれを促進する環境”の概念に必要な用語を準備した．

3.6
独自の価値提案（unique value proposition）
組織がどのような利益をもたらし，どのように顧客の問題を解決し，どのようにしてより良い感情的な体験を引き出し，どのように競合他社と違うのかを明確にするステートメント

■解　説

一般に使われるようになったマーケティング用語である価値提案（value proposition）を，卓越した顧客体験とカスタマーデライトに対応させるべ

く特殊化した用語である．“unique”という言い回しは，Unique Selling Proposition（USP）という別のマーケティング用語を参考にして付けられている．propositionを提案と訳し，理解することについては，2.3.2項（36ページ）でも述べたが，pro（前もって）＋position（顧客の中に位置付ける，訴求する）と分解して捉えるとよい．

“すばらしい価値提案”“格別な価値提案”などの訳も可能であるが，“excellent service（優れた）”“outstanding customer experience（卓越した）”などの類似の形容との混同を避けつつ，他とは異なる様を表すために，“独自の価値提案”と訳した．このことで，独自の価値提案がもたらし得る卓越した顧客体験とのつながりの理解が容易となっている．

3.7

カスタマージャーニー（customer journey）

組織，組織の製品又は組織のサービスと関わる際の一連の顧客体験又は顧客体験の合計

注釈1 “一連”はプロセスに基づくものであり，“合計”は，結果に基づくものである．

（出典：**JIS Y 23592**:2021の**3.8**）

■解　説

JIS Y 23592の3.8（55ページ）を参照されたい．

この規格では5.1.3以降で，カスタマージャーニーのグラフィカルな表記方法や書き方を含むカスタマージャーニーマップが登場し，また附属書E（本書では掲載を省略）ではカスタマージャーニーマップの書き方などを掲載している．

3.8

顧客接点（touchpoint）

顧客との接点，又は顧客が組織，その製品若しくはそのサービスと相互作用するための媒体

3.9
データポイント（data point）
サービス提供者（**3.10**）がいつ，どこで，顧客に関する情報を収集する若しくは観察する，又は顧客体験のフィードバックを受け取るかという機会
注釈 1　データポイントの内容の例としては，顧客の行動及び反応について捕捉した情報，提供プロセスについての情報がある．

■解　説

顧客接点は，カスタマージャーニーと一緒によく使われる用語である．英語表記では touch point と二語で表すこともみられる．実務の会話では，タッチポイントとそのまま呼ぶことも多いが，3.8 の用語及び定義からもわかるとおり，この規格では，組織の立場としての顧客との接点（customer touch-point）を表しているため，“顧客接点”と訳した．

データポイントとは，データとその尺度そのものではなく，加えて，データの発生や取得のタイミング及び場所などの情報を含む入れ物（オブジェクト）である．顧客接点と並ぶ概念として導入している．

技術仕様書案（DTS）までは，“卓越した顧客体験”と“カスタマーデライト”の実現に関わるデータであることに限定して定義していたが，やや冗長であったため，WG 2 での指摘を踏まえて一般化した．

3.10
サービス提供者（service provider）
顧客へのサービスを管理及び提供する組織
注釈 1　組織には，請負業者，及び従業員などの要員を含む．
（出典：**JIS Q 20000-1**:2020，**3.2.24** を修正．**注釈 1** を追加．）

■解　説

JIS Y 23592 と異なり，本規格では経営陣や管理者の用語は使用せず，“サービス提供者”を主に用いる．注釈のとおり，このサービス提供者は提供組織そのものと従業員の両方を含み得るが，個としての従業員に限定したい場合には“従業員”を用いる．また，組織には，部門のほか，サービス提供や管理の一部を担う委託業者など，顧客から同一視される組織を含まれ得る点に注意さ

れたい．

なお，JIS Y 23592 では，要求事項・推奨事項の主語などは全て組織（organization，読者を想定）が用いられていた．これに対して本規格では，主に箇条5以降で，サービスの送り手と受け手という関係性に注目したいときに，この顧客と直接関わる“サービス提供者”との用語を要求事項・推奨事項の主語と本文に用いている．

WG 2 の議論では「組織は使わず，全てサービス提供者にしたらどうか」との意見もあったが，JIS Y 23592 との整合を保つために，このような共存と使い分けをしている．そのため，少しややこしいが，本規格を読み進める際，「これはサービス提供者（service provider）についての要求事項・推奨事項だから，組織全体（the organization）に対するものではないな」と一概に捉えずに読んでいただきたい．多くの場合，サービス提供者は組織の部分だからである．

3.11
顧客中心（customer centricity）
価値創出及び価値獲得に重点を置いた顧客志向

■**解　説**

5.6.2（161 ページ）にて“顧客中心性”という用語が登場する．それに対する議論の中で「この用語は一般的とはいえないから，箇条3に追加すべき」という提案を WG 2 内で受け，“顧客中心”としてこのように定義した．

まずは customer centricity が，顧客志向（customer orientation）の一種として定義され，価値創出と価値獲得という出口を意識したものである点を理解いただきたい．次に customer centricity を日本語でどのように訳すかであるが，“顧客中心”のほかにも，Amazon.com が理念に掲げている“顧客中心主義”，証券・金融分野での“顧客本位”などの訳をあてる意見が JIS 原案作成委員会で出された．ただし，顧客志向に対応するコンセプトとしての意味合いを保つため，“顧客中心”と訳した．

一般に，これらは組織がもつ総体としての顧客中心（の方向性）を指す．ただし，原文が“customer centricity of ～”というように，顧客中心の主体が示されているものについては，“～の顧客中心性”と訳すことにした（例えば，5.6.2 のサービス提供者の顧客中心性がそうである）．

4　エクセレントサービスのための設計の原則

4.1　概要

4　エクセレントサービスのための設計の原則

4.1　概要

図 2 の上部に示すサービスエクセレンスの効果の連鎖は，カスタマーデライトを達成することによって，サービスエクセレンスがどのように組織にとってより高い利益をもたらすかを示している．サービスエクセレンスの効果の連鎖にある次の要素は，エクセレントサービスを設計する上で重要な役割を果たす．

— エクセレントサービスの設計プロセス及び実現可能性を支援するサービスエクセレンスの実装

— 組織が設計するエクセレントサービス

— 対象化され，設計目標（goal）に取り込まれた卓越した顧客体験及びカスタマーデライト

■解　説

本文にある図 2 は，本書の図 4.1 が対応する．

冒頭，設計規格の位置付けを再び明確にすることから始まる．JIS Y 23592 で解説したサービスエクセレンスの効果の連鎖（図 3.1，59 ページ）は要素間の因果関係を模式化したものであったが，各要素が設計とどのように関わるのかを整理したものが，図 4.1 である．同図の上部に手を加えることなく，同図の下部に追記する形式をとっている．

規格本文での箇条書きが直訳のためややわかりづらいが，サービスエクセレンスを高めることは，設計を円滑に行ったりその後のサービス提供を確実にしたりする上で重要である．また，設計では，目指すべき顧客体験や顧客の感情を明記していくが，実際にはそれらは顧客の主観であって，提供者が全てを直接コントロールできるわけではないため，対象化と設計目標（goal）という言い方をしている．

ここでの対象化の意味は，設計対象（object）と設計目標（goal）の間であり，標的（target）に近い．

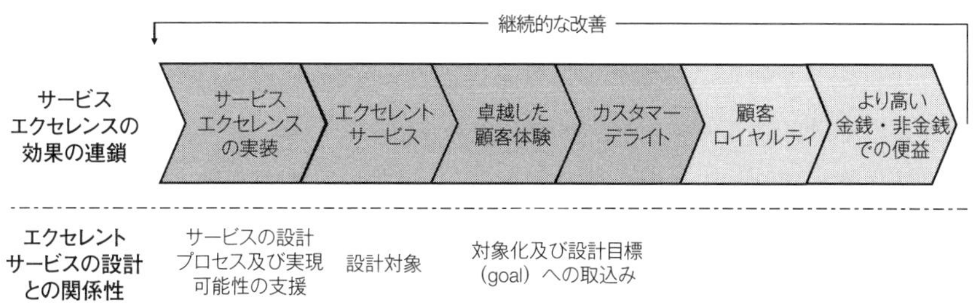

図 4.1　サービスエクセレンスの効果の連鎖及びエクセレントサービスの設計（JIS Y 24082 を基に作成）

4.1　概要（続き）

この規格では，“エクセレントサービスのための設計（DfES）”という用語を使用する．**図 1** に示すように，DfES は，サービスエクセレンスピラミッドの上半分に対応している．基本的サービスのための一般的なサービス設計は，このアプローチ及びこの規格のいずれでも規定していない．

箇条 4 では，次の **a)**～**d)** の DfES の原則について規定する．

a)　感情面

b)　適応性

c)　顧客との共創性

d)　組織と顧客の視点との整合性

注記　**箇条 4** の DfES の原則とは異なるサービスデザイン思考の一般原則については，**附属書 A** を参照[17]．基本的サービスを確保するために，エクセレントサービス全体を設計する上では，これらの一般原則及び関連する手法を適用することが可能である．

■解　説

本文にある図 1 は，本書の図 2.7（43 ページ）が対応する．

この規格では，卓越した顧客体験を実現する高いレベルのサービスを設計するための原則及び活動について規定しており，これを“エクセレントサービスのための設計（DfES）”という用語で表したのであった．この構造的な整理については，2.3.3 項（42 ページ），図 2.7 及び本章の 3.3（122 ページ）を参照されたい．

そのため，基本的サービスを設計するための一般的なサービス設計はこの規格では規定しないが，読者の参考として，サービスデザイン思考の6原則というものを附属書A（本書では掲載を省略）に示している．

規格作成当初は，これら6原則（表4.2の中央）もこの規格に含めることを検討していたが，WG 2の議論の中で，「この規格では，一般的なサービス設計の説明を極力含めず，エクセレントサービスに特化して構成することが望ましい．」との意見が出された．そのため，この規格では，エクセレントサービスのための設計の4原則“感情面”“適応性”“顧客との共創性”“組織と顧客の視点との整合性”に限定して規定した（表4.3）．

それぞれ感情，適応など名詞表現の日本語訳も検討したが，表4.2の6原則も含めた英語原文の形容詞表現を尊重する訳にした．「○○面に注目した／○○性のある」サービスとその設計行為が推奨されていると捉えると理解しやすくなる．

ここまで読んで，勘のよい読者は「共創は，一般的なサービスデザイン思考の原則にもなかったか？」と思われたかもしれない．この点について，サービ

表4.2　一般的なサービスデザイン思考の6原則
（説明はJIS Y 24082を基に作成）

2011年	2018年	説明
ユーザー中心 User-centered →	人間中心 Human-centered	・サービスの影響を受ける全ての人の体験を考慮することが望ましい．したがって，サービスの設計では，顧客体験だけでなく，スタッフを含む全ての関係者の関心も考慮することが望ましい．
共創 Co-creative →	共働 Collaborative	・サービス設計プロセスには，様々な背景及び責任をもつ全ての利害関係者が積極的に関与することが望ましい．
＊設計の側面から限定 →	反復 Iterative	・サービスを設計する際には，反復的なプロセスを通じて継続的改善を実現するために，探索的，適応的及び実験的なアプローチを用いることが望ましい．
インタラクションの連続性 Sequencing →	連続性 Sequential	・サービスを，相互に関連する一連の活動としてみなし，そのように開発することが望ましい．
物的証拠 Evidencing →	リアル Real	・ニーズを現実の中で調査し，アイデアを現実の中でプロトタイプ化し，無形の価値を物理的又はデジタルの現実として証明することが望ましい．
全体的な視点 Holistic →	全体的な視点 Holistic	・サービスは，サービスチェーン全体又は必要に応じてビジネス領域全体にわたって，全ての利害関係者のニーズに持続的に対応することが望ましい．

表 4.3　エクセレントサービスのための設計の原則
（JIS Y 24082 を基に作成）

1. 感情面 **Emotional**		・顧客に対してポジティブな感情をもたらすように設計することが望ましい. ・個々の状況に併せたカスタマイズと，大切にされていることを感じるようなポジティブな感情によってカスタマーデライトを達成することが可能である．さらに驚きの感情はカスタマーデライトを高める. ・顧客満足と対比してカスタマーデライトの重要性と役割を理解することが望ましい.
2. 適応性 **Adaptive**	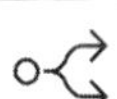	・組織が顧客や環境の変化などに適応し，迅速に対応可能なように設計することが望ましい. ・これは，サービスの提供プロセスと継続的改善を通じて行うことが望ましい.
3. 顧客との共創性 **Co-creative with customer**	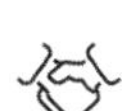	・サービス設計プロセスとサービス提供プロセスに顧客を関与させ，価値を共創することが望ましい. ・組織は，共創プロセスを理解し，促進し，準備することが望ましい. ・共創した価値は，カスタマーデライトと顧客ロイヤルティを創出する可能性を高めることが可能である.
4. 組織と顧客の視点との整合性 **Consistent with organization and customer perspectives**		・組織の能力を活用し，顧客の視点に沿うように設計することが望ましい. ・エクセレントサービスを確実に提供するために，組織はサービスエクセレンスピラミッドを用いて現在のレベルを特定することが望ましい. ・顧客がカスタマーデライトを得られるようにサービスを向上させるために，その能力を強化することが望ましい.

スデザイン思考の 6 原則との対比から少しだけみておこう.

2018 年に出版された書籍 “This is Service Design Doing”[17] では，人間中心（Human-centered），共働（Collaborative），反復（Iterative），連続性（Sequential），リアル（Real），全体的な視点（Holistic）のサービス設計の原則がまとめられている（表 4.2 の中央）.

これらの原則は，2011 年に出版された書籍 ” This is Service Design Thinking”[16] で以前にまとめられた 5 原則（表 4.2 の左側）を改訂したものであり，共創は含まれず，共働と反復に置き換えている*3. 元々の 5 原則も今も使われているが，このような理由もあり，“顧客との共創性” を改めて本規格にて定めた.

*3　元々の 5 原則は，ユーザー中心，共創，インタラクションの連続性，物的証拠，全体的な視点であり，人間中心設計アプローチに依拠する実務的なサービス設計の分野において広く引用されてきた．著者の Stickdorn らは，2010 年以降における人々の原則の理解と使用法をみながら，「共創」という当初の原則を「共働」と「反復」に分け，改訂した．これは，サービスが顧客の参加によってのみ存在するという事実よりも，サービス設計の共同的かつ学際的な性質に人々が集中する傾向があるからであったとされる.

4.2　感情面

> **4.2　感情面**
>
> エクセレントサービスは，顧客にポジティブな感情をもたらすように設計することが望ましい．カスタマーデライトは，顧客の個々の状況に合わせてサービスがカスタマイズされていると感じること若しくは顧客として非常に大切にされていると感じたりすること，又はその両方のような，ポジティブな感情によって達成することが可能である．驚きは，顧客が感じるデライトを高める感情となることがある．組織は，エクセレントサービスの提供において，顧客満足と対比してカスタマーデライトの重要性及び役割を理解し，カスタマーデライトを更に高める方法を模索することが望ましい．

■解　説

原文は“emotional”である．カスタマーデライトではポジティブな感情が重要であることを 2.3.1 項（32 ページ）で述べたが，それに沿った原則である．

作業原案では，サービスエクセレンスピラミッドのレベル 3 とレベル 4 のうち，レベル 3 が基本になるとの理解から，individual の原則案を提示した．しかし，それではレベル 4 の surprising の要素がみえなくなってしまうという議長からの指摘を受け入れ，両方を併せた用語として emotional になった．そして，カスタマーデライトの定義に準じるように本文を構成している．

日本国内での作業原案準備の過程では，affective（感情に働きかける性質）によって提供物と設計の特徴であることを明確にしてはどうかとの案もあったが，馴染みがない人も多いため，想起しやすい emotional を採用した．

4.3　適応性

> **4.3　適応性**
>
> エクセレントサービスは，組織が顧客，顧客の状況及び環境の様々な変化に適応し，迅速に対応可能なように設計することが望ましい．これは，サービス提供プロセス及び継続的改善を通じて行うことが望ましい．
>
> **注記**　環境には，組織に影響を及ぼす規制上，経済上，政治上，社会上，及び世界的に影響を与える変化のような外部要因が含まれる．

■解　説

原文は“adaptive”である．“感情面”が顧客視点での感情を対象とするのに対して，“適応性”は提供視点から定めた原則であり，適応性を備えたサービスの仕組みの構築を念頭に置いている．やや使い古された概念にも感じるが，様々な技術や仕組みを用いて適応を確かなものにしていくことは，エクセレントサービスを実現する上では依然として重要である．

当初，環境に対する注記はなかったが，“顧客の状況及び環境の様々な変化”の部分が“顧客の環境”と誤解される可能性があるとして，外部環境を説明する要因を加えた．また，その際，“社会上の変化”に特に関連したものとして，今般の新型コロナウイルス感染症（COVID-19）のようなパンデミックによる変化などを明確に伝えたほうがよいという意見が出され，WG 2で検討し，“世界的に影響を与える変化”が追加で採用された．

4.4　顧客との共創性

> **4.4　顧客との共創性**
>
> エクセレントサービスは，サービス設計プロセス若しくはサービス提供プロセス又はその両方に顧客を関与させ，価値を共創することが望ましい．組織は，共創プロセスを理解し，促進し，準備することが望ましい．組織は，顧客にとって価値のある成果を創出することを意図した価値提案を行う．価値はまた，顧客の経験及びフィードバックを通じて共創することが可能であり，利益は，組織と顧客との双方によって実現される．共創した価値は，カスタマーデライト及び顧客ロイヤルティを創出する可能性を高めることが可能である．

■解　説

原文は“co-creative with customer”である．顧客は価値共創における本質的なパートナーである．“顧客との共創性”は，これらを一歩進め，設計時の協働に限らず，サービスが本来もっている顧客との共創的側面に再度光を当てている．

4.1で述べたように，実務的によく知られているサービスデザインのアプローチにおいては，“共働”と“反復”という，より特定した原則が示された結果，サービスの利用全般にわたっての“顧客との共創”という側面は必ずしも強調されていない．一方で，サービス研究の国際的な潮流をみれば，サービスドミナントロジック（service dominant logic）などを代表に，顧客との協働による直接的な価値共創，及び顧客による工夫や努力を通じた利用価値の増大による価値共創がより重視されている．

国内においても，例えば，SfS などではこうした共創としてのサービスを主対象としているし，JSA-S1002 でも同様である．日本学術会議のサービス学分科会（経営学委員会・総合工学委員会合同の委員会）が 2017 年に策定したサービス学の参照基準では，サービスを「提供者と受容者（顧客）が価値を共創する行為」としており，まさにこの“顧客との共創性”に基づいた定義である．

本文の 3 文目と 4 文目は序文で解説した文章と同じであり，共創した価値がサービスエクセレンスのねらいにとっても重要であることが最後の一文に追記されている．

4.5　組織と顧客の視点との整合性

4.5　組織と顧客の視点との整合性

エクセレントサービスは，組織の能力を活用し，顧客の視点に沿うように設計することが望ましい．エクセレントサービスを確実に提供するために，組織は，サービスエクセレンスピラミッド（**図 1**）を用いて，現在のレベルを特定することが望ましい．組織は，顧客がカスタマーデライトを得られるようにサービスを向上させるために，その能力を強化することが望ましい．

■解　説

本文にある図 1 は，本書の図 2.7（43 ページ）が対応する．原文は“consistent with organization and customer perspectives”である．ここには，顧客視点が不在のエクセレントサービスが成り立たないことは当然のこととして，組織能力が伴わない状況でエクセレントサービスという良い提供行為だけを闇雲に描くことも避けるべきとのメッセージが込められている．

また，このメッセージにも通ずるが，4.4 や 4.5 の検討を WG 2 で進めていく中で，エクセレントサービスがもたらし得る過剰性，高負荷，ネガティブな影響に対する懸念をどこかに記載すべきではないかとのコメントが出されたことがあった．

これらの論点に関しては，5.7.4 の持続可能性の観点に基づく設計評価などが関係するが，継続した議論が必要な事項であるため，JIS Y 23592 と JIS Y 24082 での明確な記述は見送られた．

5　エクセレントサービスの設計活動

5.1　全体的なプロセス

5.1.1　一般

5　エクセレントサービスの設計活動

5.1　全体的なプロセス

5.1.1　一般

箇条5では，組織が新しいサービスを開発する場合若しくはサービスの改善を目的として既存のサービスをレビューする場合又はその両方の場合の，DfES の主要な活動について規定する．カスタマーデライトのためにエクセレントサービスを構築することを決定した場合，組織はサービスの設計プロジェクトを計画しなければならない．

サービスの設計プロジェクトの計画をした後，組織は，次に示す DfES 活動を実施しなければならない．

— 顧客に対する理解及び共感
— 設計課題及び独自の価値提案の明確化
— 顧客接点及びデータポイントによる卓越した顧客体験の設計
— 卓越した顧客体験を高めるための共創環境の設計
— エクセレントサービスのための設計の評価

組織は，基本的サービスの保証及び強化のために，DfES 活動を組織の設計アプローチに組み込まなければならない．DfES 活動は，望まれる成果が達成されるまで，周期的に繰り返す必要が生じる場合がある．

注記　設計アプローチの例として，デザイン思考[15]及び人間中心設計（例えば，**JIS Z 8530**，**ISO 9241-220**）がある．これらは，協調的で反復的なプロセスを表している．その中でも五つの活動（共感，問題定義，創造，プロトタイプ，テスト）がよく知られている．

■解　説

箇条4では“エクセレントサービスのための設計”（DfES）の原則に絞って規定したのに対して，箇条5では，まずサービス全体の設計プロジェクトを計画した上で，五つの DfES 活動を実施することが要求されている．

WG 2 では，4.1 で述べた「一般的なサービス設計にない部分に特化して規定すべき」という意見のほかに，「そのために，組織が取ることが望ましい行動を中心に規定すべき」という意見が出された．そのため，箇条5は，人間中心設計に関する規格である JIS Z 8530 及び ISO 9241-220 を参考にしながら，原則の後には，DfES の活動を具体的に示す構成とした．つまり，5.1.3 のような対象をより良く理解するための記述を主にするではなく，多少の過不足や特殊化があってもよいので，現実の行動を多く示す規格にすべきという要望である．

産業界で使える規格を目指す以上，現実の行動を多く示すことはいわれてみれば当たり前かもしれないが，いわゆるアカデミアの世界とは考え方が異なるものであることを再認識した瞬間であった．

参考にした人間中心設計の規格でも，人間中心設計アプローチ（HCD アプローチ）に欠かせない主要活動“利用状況の把握と明示”“ユーザーと組織の要求事項の明示”“設計による解決策の作成”“要求事項に対する設計の評価”の四つに特化しており，DfES が目指すところと共通する．つまり，全ての設計活動を対象としておらず，主要活動を反復して行うという設計プロセスに特徴がある．関連して，注記にある五つの活動から成るプロセスは，スタンフォード大学の d スクールによるものである．

ただし，単に DfES の活動を示すだけでは，設計全体の流れがみえにくくなったり，“基本的サービスを保証するエクセレントサービス”を実現できなくなったりするおそれがある．そのため，冒頭で述べたようにサービス全体の設計プロジェクトから入るとともに，組織内で採用されている設計方法に DfES 活動を組み込むことを要求している．

5.1.2　エクセレントサービスの設計における活動間の相互依存性

5.1.2　エクセレントサービスの設計における活動間の相互依存性

顧客分析から開始して，全ての DfES 活動を実施した場合のエクセレントサービスを設計するプロセスを，**図 3** に示す．**図 3** の DfES 活動で囲った部分は，必要な情報がどこにアウトプットされ，どこからインプットされるかを示す，DfES 活動間の相互依存性を示している．例えば，“**5.4**（設計課題及び独自の価値提案の明確化）”では，対象となる顧客プロファイル及び顧客インサイトに関する情報が必要であり，この情報は“**5.3**（顧客に対する理解及び共感）”によってアウトプットされる．“**5.2**（エクセレントサービスに関する設計プロジェクトの計画)”によるプロジェクト計画は，**5.3**〜**5.7** の全ての活動で共有され，参照される．これらの活動は，特に評価活動の結果に基づいて，必要に応じて繰り返される．これらの設計活動の結果，エクセレントサービスが創出される．エクセレントサービスの提供及びマネジメントによって，新しい評価活動のきっかけとなるフィールドデータが生成される．フィールドデータには，そのサービスの運用データ，並びにそのサービスが卓越した顧客体験及びカスタマーデライトをどの程度実現しているかのデータが含まれており，これらのデータはサービスエクセレンスの効果の連鎖に示されている．

DfES 活動を実施するために，要求される順序はない．顧客がデライトを感じていない理由を知るために実施された分析の結果によって，プロジェクトの設計の焦点及び実施するプロセスを決定することが望ましい．開始点は，**5.3** に限定されない．**5.3** 以外の活動から開始する場合には，既存のサービスシステム及び設計情報に基づいて，DfES 活動を開始するために必要なインプットを準備することが可能である．

■解　説

本文にある図 3 は，本書の図 4.2 に対応する．

図 4.2 は，DfES の設計活動とその関係を示しており，左側にあるエクセレ

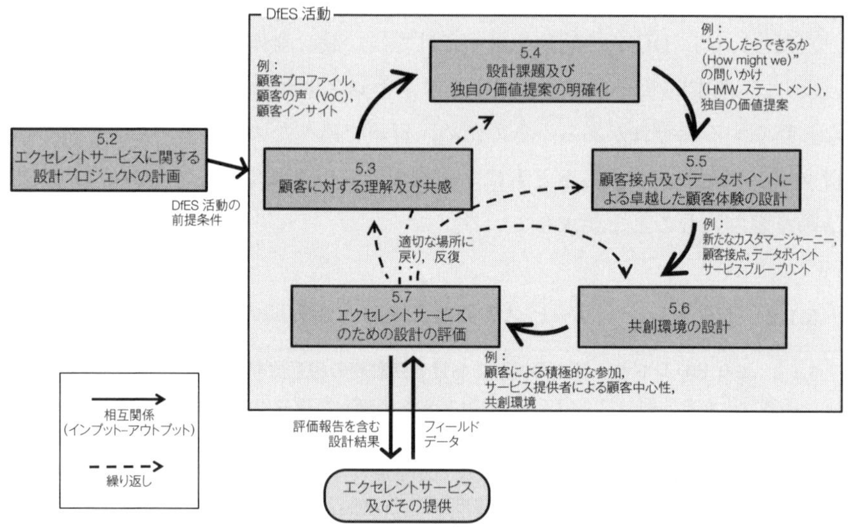

図 4.2　エクセレントサービスの設計プロセス及び設計活動間の相互依存性
(JIS Y 24082 を基に作成)

ントサービスの設計プロジェクトの計画を経て，組織内での設計活動に組み込まれる．本規格は一から十まで全てをカバーするものではなく，組織内で採用しているサービス設計の標準的な方法・プロセスに対して，同図の中央にある5.3～5.7の活動（DfES活動）を適宜追加したり繰り返し行ったりすることを通じて，カスタマーデライトを目指していく．

5.1.2には要求事項・推奨事項は含まれないが，全体の構造を知る上で必要なため，本文に沿って，少し言い換えながら解説していく．

図4.6において，DfES活動間には実線矢印があり，設計サイクルが図示されている．この実線矢印は実施の順番（ステップ）を表したものではなく，あくまでも矢印の脇に書かれた入出力物の観点で相互依存関係を示す．5.2の計画からもDfES活動をひとまとめにしたグループに対して実線矢印が引かれているが，これは計画情報が5.3～5.7の全ての活動で共有・参照され得るからである．

DfES活動のうち，5.3（顧客に対する理解及び共感）と5.5（顧客接点及びデータポイントによる卓越した顧客体験の設計）は，サービスエクセレンスモデルの要素“顧客のニーズ，期待及び要望の理解”と“卓越した顧客体験の設計及び改良”をそれぞれ拡張している．次に，5.3で得られる顧客分析の結果を参照しながら，5.4（設計課題及び独自の価値提案の明確化）により価値提案を明確化し，同様の流れで5.5では顧客接点とデータポイントの二つに注目して顧客体験を構成する．そして，5.6（共創環境の設計）によって強化し，5.7（エクセレントサービスのための設計の評価）を行うという構造である．

設計し終えたエクセレントサービスが実際に提供・使用されれば，新しい評価活動のきっかけとなるフィールドデータが生み出される．これらのフィールドデータには，サービスの運用や顧客体験に関するデータが含まれており，点線矢印に示されるように必要に応じて他の5.3～5.6の活動が反復されていく．

同図では新規の設計を念頭に，計画後に5.3から開始し，5.7までを一とおり行う流れを想起させる配置になっている．これは理解のしやすさのためからであるが，実際には，5.3～5.7のどこから始めることも可能である．

例えば，既存サービスが対象であり，5.7での評価内容を踏まえてカスタマージャーニーから再検討するという方針であれば，次に5.5に取り組むことが考えられる．このとき，5.5に必要な入力情報は既存サービスから引き継がれる．以上が本文の内容である．

なお，5.3～5.7では，組織が設計活動を進めるにあたり，参考となる情報として個別の手法を例示している．ISO/TC 312の議論では，個別の手法に関する詳細な説明は規格内に記載しないことになったが，規格利用者の利便性を考えて，本書で補足していく．

5.1.3　エクセレントサービスの提供のための設計要素

> **5.1.3　エクセレントサービスの提供のための設計要素**
>
> 顧客の視点から描いたエクセレントサービスの要素を，**図4**に示す．この詳細については，**5.3～5.7**に規定する．図の内側の円形矢印はカスタマージャーニーを表し，外側の円形矢印はサービス提供プロセス及びそれを支援するサービス提供者の組織的な活動を表している．サービスは，顧客中心のネットワーク内の請負業者を含むサービス提供者間の協働を通じて用意及び提供される．顧客及びサービス提供者は，二つの円形矢印で共有される顧客接点で相互に作用する．カスタマーデライトは，カスタマージャーニーにおける個別の優れたサービス及び驚きのある優れたサービスの提供を通じて，卓越した顧客体験が創出されるときに達成され得る．顧客がリピート購入をする間，カスタマージャーニーは続く一方，サービス提供者は，次なる設計及びマネジメント活動を続ける．**5.5.4**で規定するデータポイントは，**図4**のカスタマージャーニー，サービス提供プロセス，及び顧客接点での相互作用を通じて収集される．**5.6**で規定しているように，共創環境は，共創を促進するためにエクセレントサービスを取り囲んでいる．
>
> **注記**　カスタマージャーニーマッピングの方法については，**附属書E**参照．

■解　説

本文にある図4は，本書の図4.3に対応する．

これまでの設計活動の記述とは異なり，5.1.3はエクセレントサービスの構造や構成要素を説明する概念的な内容である．要求事項・推奨事項は含まれないが，5.3～5.7の設計活動を理解する上で必要な有益な情報が含まれるため，附属書ではなく本体に残している．

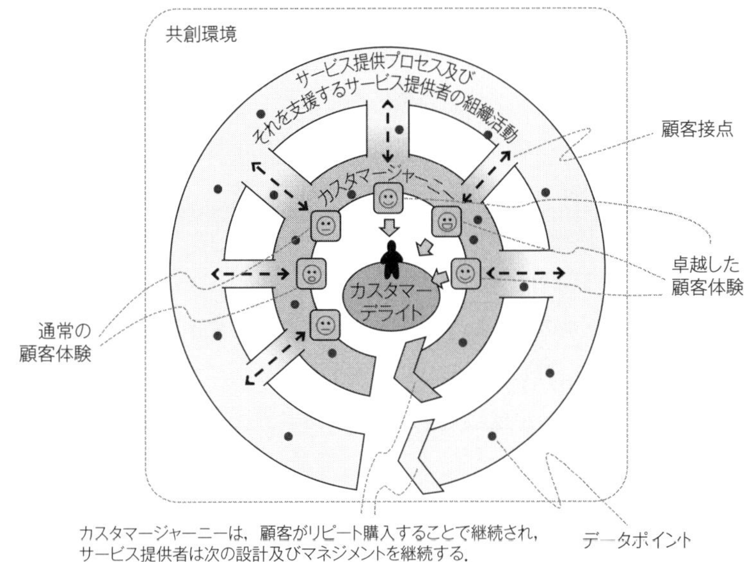

図 4.3　エクセレントサービスの提供のための設計要素
（JIS Y 24082 を基に作成）

図 4.3 のエクセレントサービスの例では，表情画像からわかるように，最初からうまくいっているわけではなく，顧客との一定のコミュニケーションを経て，卓越した顧客体験を続けてもたらすことができたことを示している．

これ以降，5.1.3 の本文のようにサービスの送り手と受け手という関係性に注目したいときには，“組織”ではなく“サービス提供者”の用語が主に用いられる．この点については 3.10（125 ページ）でも述べた．

カスタマージャーニーの代表的な記述図法が，カスタマージャーニーマップであり，そこでは顧客接点と感情の起伏が強調される．一方，サービスの提供プロセスとは，顧客接点に限らず，サービス提供の裏側を含めた仕組みと流れのことであり，サービスブループリントという名称で，フローチャート形式で記述されることが多い［JIS Y 23592 の 7.3.2 a)，94 ページを参照］．これら二つはサービスマーケティングと設計の両方に共通し，互いの橋渡しをする手法としてよく登場するので，5.5.2 での解説と併せて最低限押さえておきたい．

また，これら二つは左から右に直線的に書かれることが一般的だが，顧客を中心に据えること，及び継続的なサービス提供と顧客体験を強調したいことから，本規格ではそのコンテンツを円環構造で示している．加えて，本規格ではデータポイント，共創環境のほか，JIS Y 23592 で示したような組織活動（設計活動を含む）を重視し，この円環構造に重ねている．

5.3～5.7 の設計活動の取組み例では，カスタマージャーニーマップやサービスブループリント以外にも，人間中心設計，デザイン思考，サービスデザイン，ビジネスモデルデザインなどで馴染みのある手法が一部取り込まれている．これは，各手法に対して，それ自身が DfES のアプローチに合致する，あるいはうまく使うことで卓越した顧客体験とカスタマーデライトの実現にもつながると判断したからである．

5.2　エクセレントサービスに関する設計プロジェクトの計画

5.2　エクセレントサービスに関する設計プロジェクトの計画

エクセレントサービスに関する設計プロジェクト計画には，DfES 活動の前提条件となる次の事項を含めることが望ましい．

— 対象となる顧客及び関連する利害関係者，並びにリスク及び機会を含む，エクセレントサービスの設計範囲を決定する．
— サービス設計へのサービス提供者及び顧客の参加を確実にする．
— **5.3～5.7** で規定している活動のための適切な方法を特定する．
— **5.3～5.7** で規定している活動に，適切な時間，資源及び責任を割り当てる．

注記　割り当てられたプロジェクト時間には，反復のための時間，顧客からのフィードバックを取り込むための時間，及び設計したサービスが卓越した顧客体験を実現しているかどうかを評価するために必要な十分な時間が含まれる．

■解　説

大枠となるエクセレントサービスの設計プロジェクトの計画では，DfES 活動を行う上での制約や条件となる事項を含めることが推奨されている．特別な事項は記載しておらず，対象顧客，関連する利害関係者，リスク，機会などを含むエクセレントサービスの対象範囲の決定など，プロジェクト計画において一般に求められるものを記載している．

5.3　顧客に対する理解及び共感

5.3.1　一般

> **5.3　顧客に対する理解及び共感**
>
> **5.3.1　一般**
>
> 組織は，顧客中心の視点を構築するために，顧客を理解し，共感することが望ましい．
>
> **注記　5.3.2** は，**JIS Y 23592** の要求事項及び推奨事項を含んでいる．

■解　説

この 5.3.1 では，（以降の細分箇条を含めた）5.3 全般を述べている．5.4～5.7 も同様の構造である．

5.3.2 の顧客の理解はサービスエクセレンスモデルの側面“卓越した顧客体験の創出”にある一要素と同等であり，JIS Y 23592 の 7.3.1 を基に編成している．

一方，5.3.3 にある共感の構築は，本規格で付け加えたものである．共感（empathy）への注目は様々な設計アプローチで近年みられるが，DfES においても重要である．

5.3.2　顧客のニーズ，期待及び要望の理解

> **5.3.2　顧客のニーズ，期待及び要望の理解**
>
> 組織は，顧客の現在及び将来のニーズ，期待並びに要望を十分に理解するために，適切な調査及び分析を行わなければならない．実施する活動には，次の事項を含む．
>
> **a)**　顧客の声に耳を傾ける範囲及び深度
>
> 組織は，明示される期待及び明示されない期待，外部要因，顧客体験の合理的及び感情的な側面，並びに既存の及び変化する顧客のニーズを含む，顧客が重視していることを特定するために，顧客の声に耳を傾けることが望ましい．
>
> 実施のための適切な取組みには，次の事項を含む場合がある．
>
> — “顧客の声（VoC）”，ラダリング法，又はその他の形式の観察及びインタビューのような方法を用いる（**ISO 16355-2** 参照）．
>
> — 顧客とのサービスの共創を構築する（例えば，共創ワークショップ）．
>
> **b)**　データ獲得及び利用の体制構築

組織は，個々の顧客ベースで様々なデータ（好み，意見，期待，苦情，提案及び賛辞）を収集及び利用することが望ましい．これは，関係性の観点からだけでなく，カスタマージャーニーを通じて行うことが望ましい．

実施のための適切な取組みには，次の事項を含む場合がある．

— 顧客関係管理（CRM）の手法及びソーシャルメディアからの情報を用いる．
— フィールド調査からの情報を用いる（例えば，顧客のシャドーイング，サービスサファリ）．

c) 顧客のニーズ，期待及び要望への適応

組織は，市場及び顧客の要求に起こり得る変化を予測することが望ましい．組織は，顧客の聞き取り調査[**5.3.2 a)** 参照]の結果に基づいて，明示された顧客の要求事項及び明示されていない顧客の要求事項をサービスの要求事項に変換することが望ましい．

実施のための適切な取組みには，次の事項を含む場合がある．

— トレンド調査を実施し，トレンドを追跡及び予測する．
— VoC を主要なサービスの要求事項に変換し，優先順位をつけるために，ギャップ分析及び“顧客の声”変換シートのような方法を用いる（**JIS Q 9025**，**ISO 16355-1** 及び **ISO 16355-3** 参照）．
— 顧客の要求事項を満たす（又は満たさない）ものと顧客の認識との関係を理解する（**ISO 16355-5** 及びこの規格の**附属書 B** の狩野モデル[18]参照）．

■解　説

顧客に対する適切な調査・分析の要求事項に関わる実施活動を，a) 顧客の声に耳を傾ける範囲及び深度，b) データ獲得及び利用の体制構築，c) 顧客のニーズ，期待及び要望への適応の観点でまとめている．JIS Y 24082 において最初の一文を推奨事項から要求事項にしたのは，JIS Y 23592 の 7.3.1 と揃えたからである．

a) 顧客の声に耳を傾ける範囲及び深度では，顧客が大切にしていることの特定のために顧客に耳を傾けることが推奨されている．そのための方法として，顧客の声（Voice of the Customer：VoC），ラダリング法，観察，インタビュー技法及び共創ワークショップなどがある．

VoC とラダリング法については，JIS Y 23592 の 7.3.1 a)（91 ページ）で解説した．

共創ワークショップは設定したテーマについて，共に何かを創ったり，より

良くしたりするために，顧客，組織，専門家，地域などの利害関係者を含む多種多様な人々が集う場を設け，参加者が主体的に議論し，あるべき方向性，解決策などを考える手法．情報収集，知恵の集結などに有効である．

b) データ獲得及び利用の体制構築では，個々の顧客ベースで，様々なデータ（好み，意見，期待，苦情，賛辞など）を収集・利用することが推奨されている．そのための情報源として，CRM ツール，SNS，顧客のシャドーイングやサービスサファリなどで得られるフィールド調査の情報などがある．

シャドーイングは，顧客が製品又はサービスを利用する場面，現場スタッフなどの要員の業務遂行の場面などに身を置き，客観的な立場でこれらの行動及び思考を観察する手法である．顧客接点での顧客行動及び思考に関して，客観的に情報を入手することが可能である．

サービスサファリは，自らが顧客の立場に身を置き，実際にサービスを利用して体感を得る手法である．実体験を通じて，顧客共通のニーズ及び課題を把握することが可能である．顧客接点での顧客の行動及び思考に関して，実体験からの情報を入手することが可能である．

c) 顧客のニーズ，期待及び要望への適応では，市場や顧客要求に起こり得る変化を予測することが推奨されており，そのためにトレンド調査などがある．また，明示的・暗黙的それぞれの顧客要求をサービスに対する要求へと変換することが推奨されている．そのための方法として，“顧客の声”変換シートを用いた変換と優先順位付け，及び狩野モデルを用いた要求充足と認識との関係の理解などがある．

“顧客の声”変換シートとは，原始データである顧客の声を，顧客ニーズや要求品質に変換するためのワークシートを指す．具体化した顧客ニーズや要求品質を基に製品とサービスの開発・改善に活かすことが可能である．

狩野モデルを用いた要求充足と認識との関係の理解では，例えば，図 2.3（34 ページ）にあるように，その顧客要求が魅力的品質，一元的品質，当たり前品質のいずれに分類されるかを理解することである．

5.3.3　顧客への深い共感の構築

> **5.3.3　顧客への深い共感の構築**
>
> 組織は，洞察を深めるために，顧客に共感する感覚を育むことが望ましい．顧客への共感と，顧客が実際に行っていること及び／又は提供組織が推定していることとの違いを明らかにすることによって，卓越した顧客体験の可能性を高めることが可能となる．
>
> 実施のための適切な取組みには，次の事項を含む場合がある．
>
> — 顧客に対する共感を見出し，顧客の感情的側面及び個々の状況をより理解するために，エスノグラフィック調査を実施する．
>
> — 顧客の典型的な一日を思い描き，顧客にとってうってつけの日を構築するために顧客インサイトを見出す［例えば，“申し分のないサービスを受けた日（a perfect day of a customer）”］．
>
> — 特定のタイプの顧客について知っていることを，設計チーム内で明確にし，共有する（例えば，共感マップ及びペルソナ）．
>
> — 重要なイベント又は行動（ポジティブ又はネガティブのいずれか）に関する豊富で定性的な情報を，実際に体験した顧客本人から得る（例えば，クリティカル・インシデント法）．

■解　説

推奨事項にある顧客への深い共感の構築のための取組みとして，“顧客の感情的側面と個々の状況をより理解するためのエスノグラフィックな調査”“ペルソナや共感マップなどを用いた設計チーム内での顧客像の共有”及び“クリティカル・インシデント法などを用いた顧客体験に関する豊富で定性的な情報の顧客本人からの獲得”などを挙げている．

エスノグラフィック調査は，顧客視点で潜在的ニーズ又は課題を探る上で有効な定性的な調査手法である．調査対象の文化及びコミュニティに入り込み，一定期間生活を共にし，行動観察又はやりとりを行うことで，顧客インサイトを見出すことが可能であり，顧客視点での商品開発及び事業展開が容易となる．

“申し分のないサービスを受けた日”は，ドイツからの提案を受けて追記したコンセプトと手法の名称である．日本では馴染みがないが，本文にもあるとおり，カスタマーデライトにつながる顧客インサイトを見出すために用いられるものである．

共感マップとは，ある特定の顧客視点で，感情及び行動を一目で俯瞰可能なように，“SAY・DO・THINK・FEEL”の四つの観点で一枚紙に書き出し，整理する手法である．顧客との良好な関係構築にあたって，顧客に対するインサイト及びニーズを特定するために有用である．

ペルソナとクリティカル・インシデント法については，JIS Y 23592 の 7.3.2 a) にて解説した（95 ページ）．つまり，7.3.2 a) の“顧客体験の設計及び文書化”にあった適切な取組みの一部を，顧客への深い共感の構築に関するトピックとして切り出したことになる．そのため，ペルソナとクリティカル・インシデント法は，7.3.2 a) に対応した JIS Y 24082 の 5.5.2 の“提供する卓越した顧客体験の文書化”には含まれない．

5.4　設計課題及び独自の価値提案の明確化

5.4.1　一般

> **5.4　設計課題及び独自の価値提案の明確化**
>
> **5.4.1　一般**
>
> 組織は，卓越した顧客体験に向けて，設計課題及び独自の価値提案を明確化することが望ましい．

■解　説

ここでは，卓越した顧客体験に向けて，設計課題と独自の価値提案を明確化することを推奨し，それを実現する方法や具体的な手法について規定している．

サービスエクセレンスモデルの側面“卓越した顧客体験の創出”では，顧客理解の次に“卓越した顧客体験の設計及び改良”の要素が来るが，本規格では，その前にこの問題設定の活動を追加している．

5.4.2　設計課題の明確化

> **5.4.2　設計課題の明確化**
>
> 設計課題は，組織が解決しようとしている問題を明確にする．これは，組織が適切な業務範囲を設定するのにも役立つ（すなわち，狭すぎたり，広すぎたりしない．）．
>
> 実施のための適切な取組みには，例えば，次の事項を含む場合がある．
>
> — 顧客体験に関する洞察を形づけるために，適切な質問を設定する[例えば，“どうしたらできるか（How might we）”の問いかけ（HMW ステートメント）]．
>
> — 設計チームが解決する問題について合意可能なように，“顧客問題ステートメント”を構築する．これらは顧客に関する問題であり，組織に関する問題ではない[19]．

■解　説

本規格では，design challenge を設計課題と訳しているが，これは，こなすべきタスクの明確化というより，問題設定や問いを立てるという意味に近い．実務的によく用いられる方法は，「○○してはどうか？」「○○するにはどうすればよいか？」(How might we ～) という HMW ステートメントを用いた問いの設定であろう．HMW ステートメントとは，特定の課題に対して，これらの質問形式（構文）によってブレインストーミングする手法である．アイデア創出だけでなく，アイデア創出のための課題及び着眼点の明確化，並びに参加者間の共通意識化にも役立つ．

良い問いを立てることがデザインの役割と喝破する人もいる．問いを設定することで，5.3.3 で得られた顧客体験に関する洞察（顧客インサイト）を基にした解決や協働の方向性と範囲を形づけられる．

HMW ステートメントによる問題設定では，適切な範囲設定が重要である．例として時々挙げられるアイスクリーム体験の問題設定でいえば，「ポタポタとしずくを垂らさずに食べられるアイスクリームのコーンを開発してはどうか？」(狭すぎる) や「外で楽しめるデザートをリ・デザインしてはどうか？」(広すぎる) などではなく，「アイスクリームをより快適に持ち運んで楽しんでもらうにはどうすればよいか？」などが好ましいとされる．

“顧客問題ステートメント”（customer problem statement）とは，顧客の立場に身を置き，顧客のもつどのような問題を解決しようとするかを簡潔に説明するツールである．顧客問題ステートメントを作成することで，関係者一同が同じベクトルで，各々の担当業務を遂行することが可能となる．

5.4.3　独自の価値提案の構築

> **5.4.3　独自の価値提案の構築**
>
> 組織は，顧客にもたらされるポジティブな感情を明確に理解しながら，独自の価値提案を構築しなければならない．
>
> 実施のための適切な取組みには，例えば，次の事項を含む場合がある．
>
> — 顧客にとって魅力的又はデライトとなる品質，特徴又は特性を特定する（**ISO 16355-5**，狩野モデル[18]及びこの規格の**附属書 B** 参照）．魅力的品質を創出するために，アイデア創出の技法を組み合わせる場合がある（例えば，品質要素を再定義するための SCAMPER 及び TRIZ の適用[20]）．
>
> — 顧客のペイン（pain）を和らげるもの，及び想像も実現もしなかった顧客のポジティブな感情を創造するものを描く．これは，顧客プロファイル分析に基づくものである（例えば，価値提案キャンバス）．
>
> — 重要な顧客の問題又は機会が，非常に高いレベルで解決された“理想的な状態を明文化したもの（理想的な状態のステートメント）”を作成する[19]．その一つの理想的な状態に基づいてアイデアを得るためのブレインストーミングを行う．

■解　説

“独自の価値提案”については 3.6（123 ページ）を参照されたい．価値提案は，ビジネスモデルキャンバスの一要素としても使われているため，目にしたことのある人も多いであろう．基本的にはそれらと同様と考えてもらってよいが，ポジティブな感情をより理解しながら構築することが要求されている．

わかりやすいところでいえば，設計段階というより最終的に顧客に提示されるものになるが，製品やサービスのウェブサイトのトップ画面に現れるヘッダ画像や写真に添えられたキャッチフレーズとサブテキストなどは価値提案だといえる．

例えば，配車サービス Uber のトップ画面には「いつでもお望みの乗車サービスを～配車を依頼して車に乗り込んだら，後はゆったりとおくつろぎください．～」とある（2021 年 12 月時点）．この記述の前半は手配の容易さを，後半は行き先や料金が予め伝わっていることによる乗車後の顧客体験を訴求している．

今でこそ同様のサービスも一般的になってきたが，初めて皆さんが体験したときの感覚は，まさにサービスエクセレンスピラミッドのような構造ではなかっただろうか（少なくとも筆者は，海外出張で利用した際にワオッと口にしてしまった）．

SCAMPER（スキャンパー）とは，オズボーンのチェックリストと呼ばれるものを改良した七つの問いを使い，アイデアや発想を広げる手法である．代用する，組み合わせる，応用する，修正する，転用する，削除・削減する，逆転・再編集するという問いの英単語の頭文字をとって名付けられている．

価値提案キャンバスとは，顧客のニーズと事業又は商品価値とを結び付け，顧客のニーズに合った事業又は商品価値を生み出すため，顧客セグメント（キャンバスの右側）と提供価値（キャンバスの左側）とで構成される図式フレームワークである．両方を一枚図にして比較することによって，顧客ニーズに合致した提供価値になっているかどうかを確認することが可能である．

右側の顧客セグメントにはゲインとペインが書かれる．ペインを和らげると書くと，基本的サービスでの改善のように聞こえるかもしれないが，実務上は着眼点としてよく用いられるし，ペインを真正面から解消してゲインに変えることができれば，大きなカスタマーデライトを期待できる．

5.5　顧客接点及びデータポイントによる卓越した顧客体験の設計

5.5.1　一般

> **5.5　顧客接点及びデータポイントによる卓越した顧客体験の設計**
>
> **5.5.1　一般**
>
> 組織は，顧客接点及びデータポイントによる卓越した顧客体験を計画することが望ましい．
>
> **注記**　**5.5.2** は，**JIS Y 23592** の要求事項及び推奨事項を含んでいる．

■解　説

サービスエクセレンスモデルの要素“卓越した顧客体験の設計及び改良”に相当し，それを顧客接点とデータポイントの二つを用いて行っていくことが推奨されている．

5.5.2　提供する卓越した顧客体験の文書化

> **5.5.2　提供する卓越した顧客体験の文書化**
>
> 独自の価値提案に対応して，組織は，サービスの提供方法，顧客接点及びサービスの内容を通して提供する卓越した顧客体験を文書化することが望ましい．目指す顧客体験は，顧客ニーズ，カスタマージャーニー並びに顧客及びスタッフ双方の感情の結果を含めて，顧客の視点から計画することが望ましい．組織は，顧客体験を効率的かつ効果的に文書化することが望ましい．その文書は，顧客の期待の変化，競合他社の活動，イノベーションの傾向及び外部環境の著しい変化に対応するために，定期的に更新することが望ましい．
>
> 実施のための適切な取組みには，次の事項を含む場合がある．
>
> — 目指す顧客体験につながるカスタマージャーニーを開発するためのワークショップに顧客を巻き込む．
>
> — カスタマージャーニーにおける感情を研究しながら，カスタマージャーニーマップを開発及び使用する（例えば，**附属書 E** で説明しているカスタマージャーニーマッピングの方法）．
>
> — ブランド価値に沿ったサービス姿勢を定義し，それをサービス提供者の行動及びカスタマージャーニーの要求事項に取り込む．
>
> — サービスブループリントを開発及び使用する．

■解　説

提供する卓越した顧客体験の文書化のための推奨事項を規定している．ここでの文書化には，図作成などの記述全般を含む．適切な取組みとして“カスタマージャーニーの開発ワークショップへの顧客参加の促進”“感情面を詳しく検討したカスタマージャーニーマップの作成”“ブランド価値に沿ったサービス姿勢の定義とその取込み”及び“サービスブループリントの作成”などを挙げている．

この取組み例にあるように，カスタマージャーニーマップとサービスブループリント［JIS Y 23592の7.3.2. a)，94ページを参照］の二つは顧客体験とそれに関わるサービス要素をフローチャート形式で記述する手法として同時に挙げられるし，混同しがちである．

そこで，この二つの違いを設計の観点からまず述べる．カスタマージャーニーマップでは顧客がとる一連の行動や思考，味わう感情などを明示化し，“顧客がどのようにサービスを体験するか”の理解とデザインに重きを置いている．一方，サービスブループリントでは，顧客とサービスとの接点（顧客接点）に限らず，裏方も含めたサービス提供の仕組み（ビジネスロジック）と全体の流れを重視する．そのため，大ざっぱにいえば，サービスブループリントはインサイド・アウト（提供側の視点：サービスを顧客に届ける），カスタマージャーニーマップはアウトサイド・イン（顧客側の視点：顧客体験からサービスを眺める）の思考と捉えるのがよい．

図4.4は，航空機の機内サービスにおける乗客（顧客）と客室乗務員（提供者）の活動を中心にまとめた簡易的なサービスブループリントであり，短時間のワークショップで作成されるレベルの詳細度に留めている．Line of interaction（顧客行動と提供者活動の区分），Line of visibility（提供者活動のうち，顧客からみえる／みえない活動での区分），Line of internal interaction（提供者活動のうち，時間的・空間的に離れた間接業務の区分）と呼ばれる三つの区分に沿って整理されていることがわかる．また，この図のようにサービスに付随する物的証拠（physical evidence）を上部に記述する

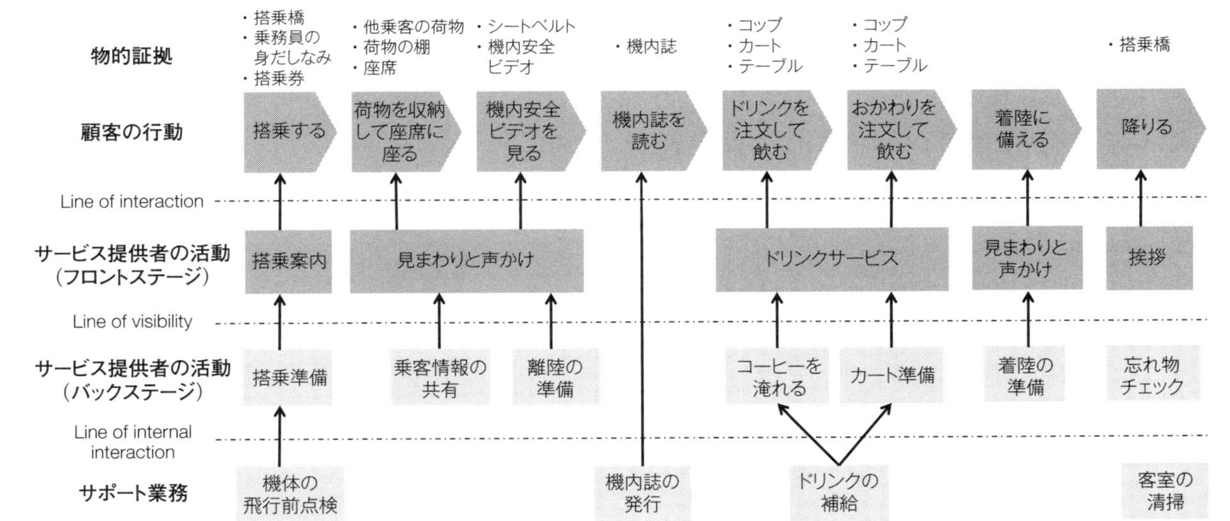

図 4.4　サービスブループリントの例[4]

*4　原辰徳：サービスブループリント（第 II 部，3 章分析法），日本デザイン学会・松岡由幸編集，デザイン科学事典，丸善出版，pp.430–433, 2019. を基に筆者作成

場合もある．

一方，カスタマージャーニーマップについては，この規格の附属書 E（本書では掲載を省略）に別途まとめている．次にその冒頭部分を紹介する．作成するマップの様式だけでなく，マップを作成する行為(マッピング)に注目したものであるから，附属書Eのタイトルはカスタマージャーニーマッピングである．

附属書 E（参考）カスタマージャーニーマッピング

E.1　一般

カスタマージャーニーマップは，顧客がサービス提供者との間で体験する全ての事項をグラフィカルに表したものである．これは，個々の顧客のニーズ，これらのニーズを満たすために必要な一連の顧客接点，及びプロセス全体を通して顧客が体験する結果として生じる感情状態を，組織が定義可能なようにする貴重な手法である．

カスタマージャーニーを視覚的に表現する方法は，たくさんある．しかしながら，カスタマージャーニーマップに不可欠なのは，顧客の視点から感情的な体験を反映することである．

カスタマージャーニーマップを使用することで，組織は，顧客の考え方及び感じ方に関する貴重な洞察を得ると同時に，顧客のダウトポイント及びペインポイントを理解することが可能である．組織の主な目標は，得られた知識を処理し，それを使用してサービス提供プロセスを改善する，又は完全に新しいプロセスを設計することである．

この後，次のステップに沿って書き方・使い方が解説されている．

1)　顧客及び到達点の理解—ペルソナ

2)　顧客接点のマッピング

3)　顧客の感情，ダウトポイント及びペインポイントのマッピング

4)　機会及び行動計画の分析

図 4.5 は，その中で用いられるカスタマージャーニーマップの様式例である．理解のため，サービスブループリントでの例と同様に簡易的なものを示している．縦の項目にある顧客接点，顧客の感情変化と行動は共通して用いられるが，その他は利用目的に応じて使い分けられることが多い．横の項目も様々であるが，直接の顧客接点が多い中心部だけでなく，そのサービスの認知や情報探索などの事前段階，及びその後の顧客主体の経験（例：買い物後の料理）

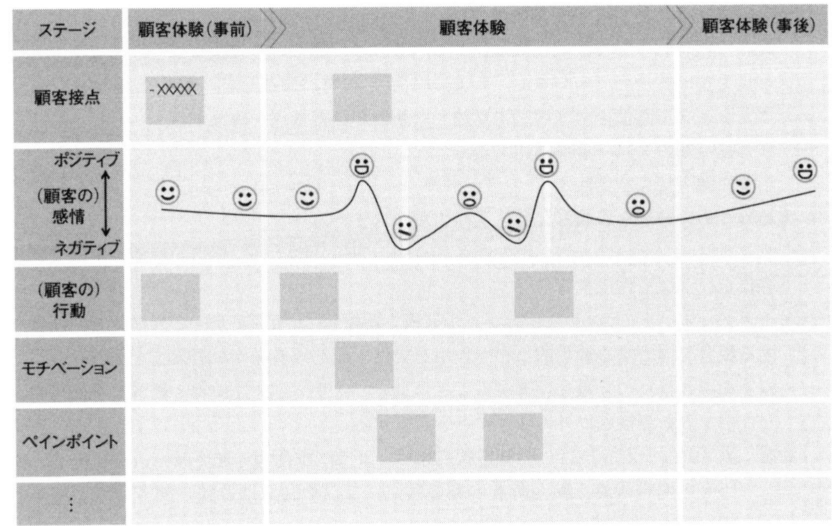

図 4.5 カスタマージャーニーマップの様式例
（JIS Y 24082 を基に作成）

やフォローアップに関する事後段階にも注目することが大切である.

なお，ダウトポイントとは，組織の行動次第でペインポイントになるかゲインポイントになるか分かれるような箇所のことである.

5.5.3 効果的かつ感情的に働きかける顧客接点の配置

5.5.3 効果的かつ感情的に働きかける顧客接点の配置

組織は，サービス提供者と顧客との間で複数の顧客接点にまたがってどのようにサービスを提供するのかを設計することが望ましい．サービス提供者と顧客との間で相互作用が発生し，これらの顧客接点において様々な顧客体験が発生する．エクセレントサービスを実現するために，組織は，サービスの提供前，提供中及び提供後にポジティブな感情を呼び起こす，効果的な一連の重要な顧客接点を計画し，全体として優れたパフォーマンスを確保するよう，相互作用をマネジメントする準備を整えなければならない．組織は，ブランド及び価値提案のための一貫した顧客接点の設計を行い，顧客から感情的な体験を引き出すことが望ましい．組織は，物理的な顧客接点だけでなく，仮想的な顧客接点も考慮することが望ましい．

顧客からの感情的な反応を引き出す顧客接点を配置するためには，次の四つのアプローチを使用することが可能である．

— 既存の顧客との顧客接点を最適化する．これは，顧客の心に残るような印象を与える重要な顧客接点（いわゆる“真実の瞬間”）に特に関連している．

— ポジティブな感情を引き起こす卓越した新たな顧客接点を構築する．

— 顧客接点間のフローを最適化する．

— 不要な顧客接点を排除する．

実施のための適切な取組みには，次の事項が含まれる．

— カスタマージャーニーにおける顧客接点間の関係（例えば，感情的側面）を示す顧客接点マップを作成する．

— インターネット，センサ及びデジタル技術を駆使して，顧客がサービス提供者に関与する機会を構築する仮想的な相互作用を提供するための様々な選択肢を検討する．

— 様々な顧客接点の分類を理解することによって，サービス提供者と顧客とが直接相互作用する顧客接点以外の顧客接点を認識する．

注記 カスタマージャーニーの顧客接点には，ブランド所有の顧客接点，パートナー所有の顧客接点，顧客所有の顧客接点，及び社会又は外部の顧客接点がある［21］．

■解　説

ここでは，効果的かつ感情面に働きかける顧客接点の配置のための推奨事項について規定している．5.5.2（顧客体験の文書化）の次に来ているが，明確な作業順番の指定があるわけではなく，5.5.4 も含めて並行して取り組むものと理解いただきたい．

顧客接点が重要であることは通常のサービス設計と同様であるが，サービスエクセレンス規格として感情面を強調した書きぶりになっている．目指すべき顧客接点は，サービスマーケティングでよくいわれる真実の瞬間（the moment of truth），すなわち顧客の心に残るような印象を与える機会である．また，顧客接点をもつ機会を増やし最大限活用することが一つの方法であるが，多ければ多いほどよいというわけではなく，それらがブランドや価値提案の内容と整合し，一貫していること（consistent）のほうがより重要である．

こうした意図もあり，顧客接点に対する具体的なアプローチとして，既存の顧客接点の最適化，新たな顧客接点の構築，顧客接点間のフローの最適化及び不要な顧客接点の削除の四つを紹介している．これはドイツからの提案を受けて記載したものである．また，より具体的な取組みとして，"カスタマージャーニー内の顧客接点間の感情面に沿った分析""技術を用いた顧客接点の選択肢の検討""顧客接点に関する分類の理解"などを挙げている．

注記にあるのは顧客接点に関する分類例である．それぞれは，ブランド（自組織）により設計・マネジメントされるもの，協業者と共同で管理されるもの，自組織も協業者も影響を及ぼさない顧客行動が顧客体験を主構成する接点，及びその他の主体の行動が顧客体験に影響を与える接点を意味する．

5.5.4　効果的なデータポイントの構築

5.5.4　効果的なデータポイントの構築

組織は，サービス提供プロセス及び組織マネジメントにおけるフィードバックの提供，サービスの個人化，導入，改善及び学習を含むデータの利用を可能にするデータポイントを特定しなければならない．効果的なデータポイントは，サービス提供プロセス中における顧客の感情的な体験を捕捉するために不可欠である．エクセレントサービスを実現するためには，この内容の分析及び適切な使用が重要である．組織は，十分なデータを効率的に収集して提供するために，カスタマージャーニー全体及びサービス提供プロセスのデータポイントを処理する計画を立てなければならない．

実施のための適切な取組みには，次の事項を含む場合がある．

— 顧客接点を含むカスタマージャーニーマッピング若しくはサービスブループリント又はその両方の結果に基づいて，データポイントを明確にする．
— 特に，顧客接点において顧客体験が低下しないように，データポイント及びその観測方法を適切に構築する．
— サービス提供者が頻繁に観察する箇所若しくは顧客がカスタマージャーニーで認識する箇所又はその両方をデータポイントとして配置する．
— 低コストで迅速な共有及び処理を可能にするために，可能な限りデジタルデータで収集することを標準とする．
— 顧客のニーズを支援するために，自動化したデータ収集を（例えば，レポーティングに）組み込む．また，サービス提供者の継続的な監視又は保守のニーズを支援するために，自動化したデータ収集を組み込む．
— 個人の特定が可能な情報を処理する際の標準のアプローチとして，プライバシーバイデザイン（privacy-by-design）アプローチを採用する[22]．

注記　データポイントによって可能になるデータ収集の効果は，**附属書 D** のカスタマーデライトのための共創環境のてこの原理に統合されている．

■解　説

データの重要性はいうまでもなく，DfES においてもサービスの即時カスタマイズ，フィードバックの利用，改善や学習の実現などのために活用される．ここでは，これらを可能にするデータポイントの特定が要求されており，JIS Y 24082 において推奨事項から要求事項に変更した．顧客接点とデータポイントは異なる概念であるため，両者は区別しながら扱っていく必要がある．ただし，両者は重なることもあるし，顧客接点が感情的な体験を補足するために重要な情報の発生を含み得る（つまり，データポイントを含み得る）という点に注意されたい．

効果的なデータポイントの構築の取組みとして，“カスタマージャーニーマップやサービスブループリントの利用”“顧客接点における顧客体験の低下の防止”“サービス提供者の観察箇所や顧客の反応箇所への注目”“デジタルデータとしての収集”“顧客とサービス提供それぞれのニーズに対する自動収集データの活用”“プライバシーバイデザインのアプローチの採用”などを挙げている．

近年，様々な技術やデバイスを活用することで，顧客の行動データや機器データなどを収集しやすくなった．それでも，より顧客の評価に近い効果的なデータを取得しようとすると，2 番目の取組みにあるように，顧客体験を損なわない収集の仕組みが重要である．例えば，欧州の空港や病院でみられる，図 4.6 のような顧客評価をタイムリーに集める簡易端末などはそのわかりやすい例である（例えば，HappyOrNot® などが知られる）．

きちんとデジタル化されたデータ収集は難しくとも，業務プロセスの調査などを基に，現在属人的に観察・処理されているデータポイントがどこで何であるかを明らかにするとともに，カスタマージャーニーマップやサービスブループリントに明記した上でサービス提供者間で活かすだけでも十分意味がある．

プライバシーバイデザインとは，技術，運用及び物理的設計の側面で，あらかじめ構想段階から，プライバシー保護の施策を検討し，システム又は業務に組み込むアプローチである．七つの基本原則があり，個人情報保護の強化及び

図 4.6　顧客体験を損なわずに顧客評価データを集める簡易端末（イメージ）

改善のための思想として有効である．

5.6　共創環境の設計

5.6.1　一般

> **5.6　共創環境の設計**
>
> **5.6.1　一般**
>
> 組織は，エクセレントサービスを効果的かつ持続可能にするために，顧客とサービス提供者との協働に基づいた共創環境を設計及びマネジメントしなければならない[23]．優れた共創環境は，顧客接点での高いレベルの緊密な協力及びデータポイントの活用によって構成される．サービス提供者と顧客との間の関与を推進することで，エクセレントサービスの提供及びマネジメントプロセスの詳細を柔軟に補うことが可能である．

■**解　説**

5.6.1 ではまず，顧客とサービス提供者の協働に基づいた共創環境の設計とマネジメントを要求している．これも JIS Y 24082 において推奨事項から要求事項に変更したものである．“共創環境”というコンセプトは，第 2 章で紹介した JSA-S1002 から持ち込んだものである．設計に限らず，サービスの利用全般にわたる顧客との共創によって価値を高めていく方向性は，近年では一般的になりつつある.

ここで重要なことは，そうした価値共創を偶然のみに頼るのではなく，“共創が促進される環境”を準備し，その可能性を高めていくという点である．カスタマージャーニー，サービスの提供プロセス，はたまた提供される価値の全てが細部にわたって事前規定されているわけではなく，熱意のある顧客とサービス提供者が一定の自由度をもって補完と発展させていくものである.

優れた共創環境は，サービス提供者の顧客中心性，顧客の積極的な参加，並びにそれら二つが作用する顧客接点における緊密な協力によって構成される．これに従い，5.6 では，それぞれについて 5.6.2，5.6.3 及び 5.6.4 で規定する．データポイントは共創環境の全般に関わるが，中でも顧客接点での緊密な協力において活用していくことができる.

図 4.7 は，価値創出の観点から以上の関係をまとめたものである．図 4.7 の左側に示すように“サービス提供者の領域”にはサービスの生産過程があり，それを通じて価値のつくりこみや伝達が行われる（ダイエットを支援するフィットネスクラブを例にすると，施設整備，トレーナー育成，メニューのつくりこみなどに相当）.

5.6.2 のサービス提供者の顧客中心性の度合いは，この価値のつくりこみや伝達の良し悪しを左右するだけでなく，顧客と接触する領域でのパフォーマンスにも関わってくる．“接触の領域”では，サービス提供者と顧客間の相互作用を通じて，より良い成果が得られたり，未想定の発見があったりなどして価値が共創され得る（例：顧客に応じたメニューの調整，個別指導，メンター）.

そこでは，5.6.3 の顧客の積極的な参加がこの相互作用と価値の共創に強く関わってくることは想像しやすい（例：顧客自身による運動・食事制限の努力や，適切な内観報告）．本規格でいうところの共創はこの“接触の領域”を表しており，共創環境は，特に 5.6.4 の顧客接点での緊密な協力を支援することで，価値創出の可能性を高める.

図 4.7 の右側の“顧客の領域”も顧客による使用過程を表すが，“接触の領

域”とは異なり，そのサービス提供者と直接の関わりをもたない．そこでも，生活の中で工夫したり他のサービスと組み合わせたりすることで，新たな価値が生まれる可能性がある(例：メニュー終了後の継続や余暇活動への取入れ)．そして，サービス提供者がそのフィードバックを受けるなどして再び関わることがなければ，それは独立した価値創造である．ただし，当該サービスの利用経験が積み重なってもたらしたものであれば，これも当該サービスが関与する顧客にとっての利用価値といえる．

価値共創の考え方では，こうした独立した価値創造も含んだ利用価値（文脈価値とも呼ばれる）を対象とするが，当然のことながら，事前に全てを対象にはできない．そのため，本規格では“接触の領域”に対応する顧客接点での緊密な協力を主対象としながらも，その後の広がりを念頭に置いたものとして共創環境を位置付けている．

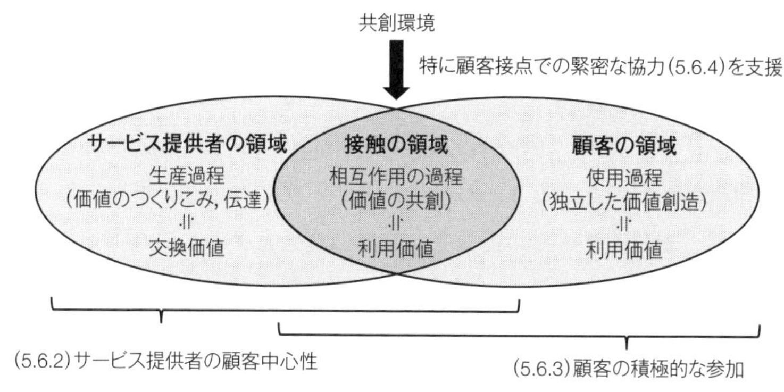

図 4.7　共創環境の位置付け

5.6.2　サービス提供プロセスにおけるサービス提供者の顧客中心性の推進

> **5.6.2　サービス提供プロセスにおけるサービス提供者の顧客中心性の推進**
> 組織は，サービス提供者の顧客中心性を推進しなければならない．そうすることで，サービス提供プロセスにおいて，顧客に対する柔軟で個別的なサービスが実現される．これを達成するためには，組織は従業員への権限委譲及びエンゲージメントを促進し，

顧客のために通常期待される以上のことをしようという意欲をもたせる必要がある.

実施のための適切な取組みには，次の事項を含む場合がある.

— 顧客サービスの設定において，サービス提供者が示す顧客中心性の現在のレベルを特定し，それを向上させるためのイニシアチブを開始する.
— 権限及び義務を適切に委譲することによって，サービス提供者を支援及び有効活用する.
— 顧客に影響を与える意思決定への意見をサービス提供者に求めることによって，サービス提供者の関与を高める.

注記1　サービス提供者の顧客中心性の様々なレベルの例については，**附属書C**参照.

注記2　従業員の権限委譲及びエンゲージメントに関する推奨事項及び適切な取組みについては，**JIS Y 23592**:2021の**7.1.2**（リーダーシップ及びマネジメントの条件）の**c)**参照.

■解　説

サービス提供者の顧客中心性（customer centricity of service providers）の推進が要求されており，JIS Y 24082において推奨事項から変更した．3.11 “顧客中心”の解説（126ページ）で述べたように，原文が“customer centricity of ～”であるから，“サービス提供者の顧客中心性”と訳されている．つまり，組織の部分にあたるサービス提供者が示す顧客中心の度合いに限定した意味になる．また，サービス提供者としては個人とチームの両方が該当し得るが，まずは個々人（例えば，個々の従業員）を想定して理解するのがよい．

顧客中心性が高い，すなわち価値創出及び価値獲得に重点を置いた高い顧客志向をもったサービス提供者は，顧客のために期待される以上のことをしようと努力することで，エクセレントサービスの実現に寄与する．この顧客中心性の高い低いに関する水準は規格本体で定めていないが，附属書C（本書では掲載を省略）に表4.4に示す例を掲載している．

同表の右側は各レベルに対応した行動根拠であり，サービス提供者が何に基づいて行動しているかという追加要素を表している．レベル3までは受動的な姿勢であるが，レベル4，レベル5と上がるにつれて，観察や共感に基づく要素が加わり，能動的な姿勢になる．

表 4.4　サービス提供者の顧客中心性のレベルとその行動根拠の例
（JIS Y 24082 を基に作成）

レベル 1	報酬
レベル 2	規則
レベル 3	顧客からのリクエスト
レベル 4	顧客の視点に立った観察
レベル 5	顧客への共感
レベル 6	社会的関心（又は共同体感覚）

レベル 6 にある社会的関心（共同体感覚）の原文は social interest で，社会心理学の用語である．この感覚が大きいほど他者への貢献の姿勢につながる．他者としてはサービス提供側の組織と顧客側が考えられるが，顧客中心性のレベルであるから，ここでは顧客側を指す．顧客をパートナーと思い，顧客との関わりの中に居場所があると思う感覚につながる．

サービス提供者の顧客中心性は，JIS Y 23592 の従業員エンゲージメントとも相互に関係する．このことは，意欲向上のためには従業員への権限委譲とエンゲージメントの促進が必要という本文の一文からもわかる．実のところ，JIS Y 23592 が従業員エンゲージメントを重視していることもあり，作業原案では提供側の要素として従業員エンゲージメントの用語を用いていた．

従業員エンゲージメントは，組織マネジメントや人材開発で用いられるが，国際標準の分野ではまだ馴染みが薄い概念である．また，従業員エンゲージメントには組織に対する内向きの熱意が含まれるのに対して，この規格は顧客との関わりを中心としたサービスの設計規格であることから，従業員エンゲージメントの全てを意味しているわけではない．

このような議論を 2020 年 7 月に WG 2 で行い，顧客志向に限定した顧客中心性へと用語を変更する判断を行った．

5.6.3　カスタマージャーニーへの顧客の積極的な参加の推進

> **5.6.3　カスタマージャーニーへの顧客の積極的な参加の推進**
>
> カスタマージャーニーにおいて最高レベルの参加を達成するために，組織は，顧客の積極的な参加を推進しなければならない．この参加は，組織に対する様々な顧客の行動で示される場合がある．顧客体験は，例えば顧客の役割の準備状況のように，顧客が自分の役割をどの程度果たせるかによって異なってくる[24]．
>
> 実施のための適切な取組みには，次の事項を含む場合がある．
>
> — サービスの提供全体にわたる顧客接点で顧客が示した積極的な参加の現在のレベルを特定し，それを改善するためのイニシアチブを開始する．
>
> — 顧客に十分な選択及び行動の自由を与える．
>
> **注記**　顧客の積極的な参加の様々なレベルの例については，**附属書 C** 参照．

■解　説

顧客の積極的な参加（active participation of customers）が要求されており，JIS Y 24082 において推奨事項から変更した．ここでの“最高レベルの参加”とは，その時点における当該顧客にとって最大限可能なレベルの参加という意味であり，全ての顧客に対して最大級の参加を求めるものではない．

古典的なサービスの4特性の一つである“生産と消費の同時性”でいわれてきたように，サービスに顧客が参加するというのは当たり前に聞こえるかもしれないが，これはサービスの生産プロセスへの参加有無（来店する，商品を見つける，レジに行く等）に限らず，カスタマージャーニー全般にわたってみられる，組織やサービスに向けられた行動や関与を表す．こちらのレベル例の表（表 4.5）も同様に附属書 C（本書では掲載を省略）に掲載している．

これらは，サービス研究において“顧客参加”と呼ばれる概念に，高いロイヤルティをもった状態での関与を足し込んだようなものといえ，それを顧客の積極的な参加という用語でまとめている．表 4.5 のレベル6の“心理的なオーナーシップ”（phycological ownership）とは，その対象は自分の一部であるというような，心理的なつながりをもつ感覚である．つまり，顧客が当該サービスに心理的なオーナーシップをもつことは，「そのサービスの評判が良いと，自分まで気分がいい」と顧客が感じるような熱烈なファンになっている状

表 4.5　顧客の積極的な参加のレベルの例
(JIS Y 24082 を基に作成)

レベル 1	受け入れる
レベル 2	ニーズを明確に表す
レベル 3	効果的かつ効率的に用いる
レベル 4	フィードバックを提供する
レベル 5	他者に推奨する
レベル 6	心理的なオーナーシップを感じる

態に対応する.

“顧客の役割の準備状況” の原文は customer role readiness であり，顧客が自身に期待される役割が何であるかをきちんと認識していることの重要性を述べている.

顧客の積極的な参加の推進の取組みとして，同表などを用いた現状分析のほか，顧客に対する十分な選択肢と行動の自由の提供などを挙げている．つまり，要因そのものをどう高めるかという組織活動だけでなく，それらを十分に発揮・活用していくためのサービスの仕組みについても言及している.

5.6.2 と同様に，この顧客の積極的な参加も，作業原案では，従業員エンゲージメントと対となるよう顧客エンゲージメント（customer engagement）との用語を使用していた．顧客エンゲージメントは顧客関係管理（CRM）などでも使われており，学術の分野では 2010 年頃より関係性マーケティングなどにおいて活発に議論されている．顧客エンゲージメントとは，経済的な関係をベースに反復購買の行動を中心に扱う顧客ロイヤルティとは異なる概念で，他者への推奨やサポートなど，多岐にわたる購買を超えた行動（社会的な関係行動）を対象範囲とする．そのため，価値共創が示す顧客像への転換とも相性が良い概念と考えられるが，まだ十分に確立されておらず，国際標準の中では，従業員エンゲージメントよりも更に認知度が低い印象がある.

2020 年 7 月の WG 2 会合にてサービス提供者の顧客中心性を採用したことと同時に，こちらも顧客の積極的な参加へと差し替えた.

5.6.4 顧客接点における緊密な協力

> **5.6.4 顧客接点における緊密な協力**
>
> 組織は，共創が行われるカスタマージャーニーの中で，重要な顧客接点を特定し，設計しなければならない．組織は，より良い持続的なカスタマーデライトの提供を強化するためのてこの原理として，共創環境を設計しなければならない．組織は，顧客及びサービス提供者の双方との緊密な協力を構築するための対策を講じ，必要に応じて取組みを統合しなければならない．緊密な協力のレベルは，サービス提供者の顧客中心性及び顧客の積極的な参加によって決定される．組織は，顧客とサービス提供者との協力の適切性が強化及び維持されるように，**5.5.3** に規定する顧客接点を設計及びマネジメントしなければならない．緊密な協力のレベルが高いほど，サービス提供者が共創を通じて卓越した顧客体験を創出する可能性は高くなる．
>
> 実施のための適切な取組みには，次の事項を含む場合がある．
>
> — 顧客接点を中心に，サービス提供者及び顧客がお互いに情報を迅速に共有することが可能な共創環境を構築する．
>
> — 顧客が共創者として行動する準備ができていると感じ，失敗を体験しないように，顧客のためのコミュニケーション及び手引を整備する．
>
> — 共創タスクの達成を助ける高い利用のしやすさを備えたツール及びデバイスによって共創環境を構築する[24]．
>
> **注記** カスタマーデライトのための共創環境のてこの原理については，**附属書 D** に記載しており[25]，これには，データ収集及び組織の機敏性の効果が含まれている．

■解　説

(1) 本文の解説

背景にある共創環境の考え方については，5.6.1（159 ページ）で述べた．まず，重要な顧客接点の特定と設計，及び“てこの原理”としての共創環境の設計が要求されている．これらも JIS Y 24082 において推奨事項から変更した．

“てこの原理”（leverage mechanism）は，より平易には“増幅の仕組み”であるから，「より良い持続的なカスタマーデライトの提供を強化するための増幅の仕組みとして，共創環境を設計しなければならない．」と理解するのがよい．

先に適切な取組みについて解説すると，一つ目は互いの情報共有に関するものであり，この必要性は容易に理解できる．二つ目にある共創者として行動する準備は，5.6.2 で述べた“顧客の役割の準備状況”と同様である．そして，共創行動の試みの失敗によって過度に萎縮してしまうことがないように，適度なコミュニケーションと手引きを整備しようということが述べられている．三つ目は，ツールやデバイスの援用についてであり，“高い利用のしやすさ”は原文の availability の日本語訳である．

少し戻り，適切な取組みの直前にある二文「組織は，顧客とサービス提供者との協力の適切性が⋯．緊密な協力のレベルが高いほど，⋯．」は，最初に作業原案で示されて以降，WG 2 においてたびたび議論をされてきた箇所である．ある意味では，2.3.4 項（44 ページ）で述べた共創に関する日本のねらいを象徴するところであるため，どのような議論が行われてこの本文に落ち着いたか，次で解説する．

(2) ISO/TC 312/WG 2 での議論と合意

技術仕様書案（DTS）までは，発行版に未掲載の図が存在していた．それは，図 4.8 の右側にある“サービス提供者の顧客中心性”と“顧客の積極的な参加”の二つの要素とその水準をベクトルに見立て，そのベクトル和を対角線とする平行四辺形の面積を，協力関係の緊密さと捉える模式図である．協力関係の緊密さは，サービス提供者と顧客が互いの要素の水準を高め，また適切な役割分担によって互いの成す角を大きくすることで強くなり，これが結果として“卓越した顧客体験をもたらし得る共創の余地”の拡大につながるという考え方である．ここでは面積（area）と共創の余地（area）をかけている．

この考え方と概念図は，JSA-S1002 で定められた共創の発展過程の概念図がきっかけになっており，2019 年夏頃に WG 2 の国内エキスパート会合で素案が作成された．この素案では，本文の理解を助ける図があるというより，図に示される概念を説明するようにして本文が準備された．実際には，これらの内容を 2020 年 3 月に開催された SfS の国際会議 ICServ 2020 用の発表論文[25]として先にまとめ，その出版物を参考文献の予定として作業原案に反映した．

その後，2019 年 10 月の東京での第 4 回総会向けの作業原案として示されて以降，「抽象度の高い図は規格には好ましくない.」「図をどうみればよいかわからず，理解が難しい.」というようなコメントがたびたび出てきた．ただ，この考え方は，JSA-S1002 をはじめとして，日本国内でのエクセレントサービスにおける共創の議論をまとめたものであるし，企業の方々に概念を説明する際に有効なものであった．そのため，できるだけ図や内容を単純にするなどの対応を行った上で残すという対応を WG 2 で続けてきた．

しかしながら，DTS 投票にて再び削除要望のコメントがあり，2021 年 1 月の WG 2 会合（オンライン開催）において，残すべきかどうかについて多くの議論を行った．結果として「本文が改訂された結果，図がなくても二つの要素の相乗効果は理解できる」及び「図を入れるとその相乗効果（関係性）が固定的になり，言い過ぎである（常に成立するわけではないはず)」という指摘を汲み取り，TS 発行版では削除するという結論に至った．

これは，この論点が期もせず，本会合後に TS 発行に進むことの合意形成に大きく関わるものになったからであり，ISO 23592 と足並みを揃えた ISO/TS 24082 発行を優先すべく，提案国の日本が譲歩した形である．これがいわゆる compromise かと感じた瞬間であった．

(3)　てこの原理による共創環境の効果の仕組み（附属書 D）

このように日本が譲歩した裏には，図 4.8 の左側の附属書掲載は維持できたことも関係している．この図は，同図の右側で示した「両方を高め，また互いが成す角度を大きくするほど能率がよい.」という見方を，てこの原理における「支点から遠い力点に，てこに対して垂直に力を加えると能率がよい.」という物理的現象に沿って表し直したものである．

平行四辺形の面積は数学的には二つのベクトルの外積に相当し，これは力学的にみれば回転力（力のモーメント）と一致する．この考えを起点として，共創を通じた卓越した顧客体験の創出の過程を模式化し，説明しようとした．

JIS Y 24082 には，つなぎとなる同図の右側が本文にも附属書 D（本書では

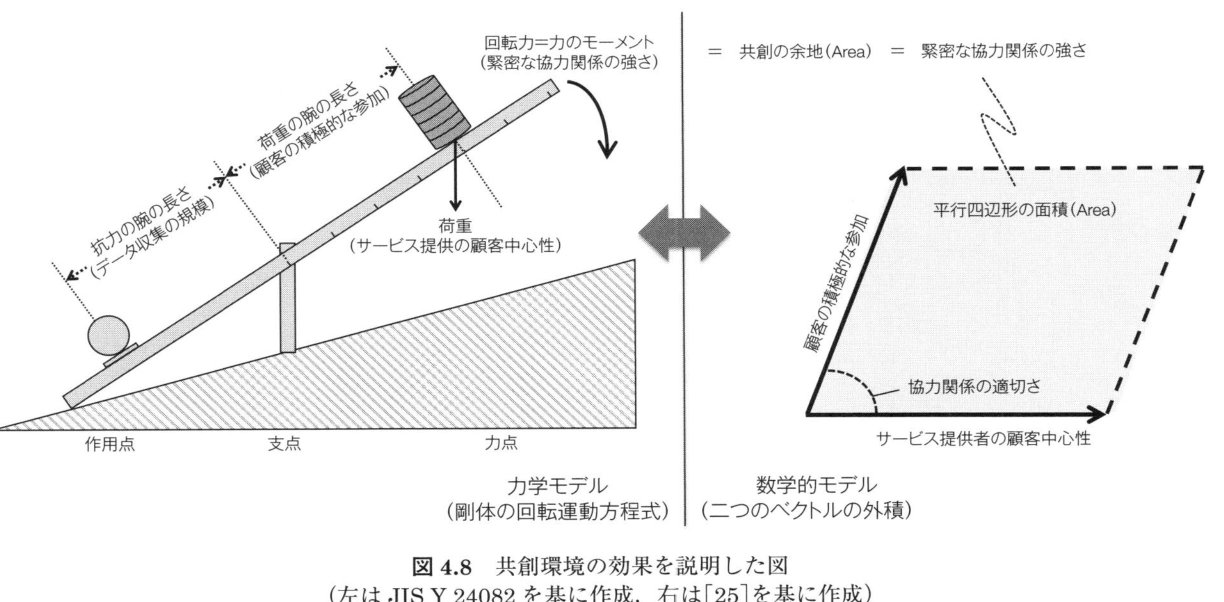

図 4.8　共創環境の効果を説明した図
(左は JIS Y 24082 を基に作成，右は[25]を基に作成)

掲載を省略）にも掲載されていないため，附属書Dの内容をみて少々面食らう人がいるかもしれないが，価値共創を理解する上で育てていきたいアイデアとして考えており，以降の解説も参考に大枠を把握いただきたい．

(a)　構造の説明

図4.8の左側をもう一度みてみよう．棒状の台（以下，“台”という）の中央に支点があり，左側にはボールが滑らない状態で置かれている．右側に重石を置くことで，時計回りに回転させることを考える．このてこは不思議なことに斜面上に設置されており，時計回りに回転をさせても水平にしかならない機構のため，十分な回転力を与えても，ボールは真上にしか跳ね上がらないようになっている．

ボールの高さは顧客体験の卓越さを表し，台の水平状態の高さ以下であれば顧客満足として表出し，それ以上であればカスタマーデライトとして表出する．

構造の説明に限って，以下，本規格の用語は“　”で，本機構上の用語は「　」で表記する．

機構の右側の「支点から遠い力点に，てこに対して垂直に力を加えると能率がよい．」は“サービス提供者の顧客中心性”と“顧客の積極的な参加”に対応する．具体的には，「力点にかかる荷重」が“サービス提供者の顧客中心性”を表し，平たい重石の枚数がそのレベルに対応する．一方，「荷重の腕の長さ」，つまり支点と荷重間の距離が“顧客の積極的な参加”を表し，そのレベルに応じて荷重を置く位置が決まる．

荷重と荷重の腕の長さが大きいほど，てこを時計回りに回転させる力のモーメントが大きくなる．そして，てこの水平状態から跳ね上がったボールの垂直座標が大きいほど，よい顧客体験を生み出していると捉える．

次に，左側の「抗力の腕の長さ」，すなわち支点とボールの間の距離は，データポイントなどを通じたデータ収集の規模を表す．そして，「抗力の腕の長さ」が小さいほど，ボールの自重によって台を反時計回りに回転させる力のモーメントが小さくなるという仕掛けが組み込まれている．

(b)　基本的サービスが生み出す顧客満足

この機構を利用して，顧客満足を目的とした基本的サービスを考えてみる．サービス提供者が顧客志向でない，顧客による積極的な参加が行われていない，あるいはデータ収集の規模が身の丈以上に大きすぎる高い場合には，台はゆっくりとしか回転せず，水平状態で最終的に停止する．このとき，ボールの勢い（運動量）が小さいために，ボールは上方には飛び上がらず，台の上に留まり続ける．これは，高い顧客満足度が得られるが，デライトには達しないことを意味する．

(c)　エクセレントサービスが生み出すカスタマーデライト

一方で図 4.9 は，共創によってデライトを目指すエクセレントサービスの例を表す．サービス提供者が顧客志向である，顧客による積極的な参加がみられる，またデータポイントの構築・運用によってデータ収集の規模が適切であるため，台が水平位置に達したとき（同図の，状態 E-1 から状態 E-2）にはボールに十分な勢いがついており，ボールは上方に飛び上がる．水平位置の台から

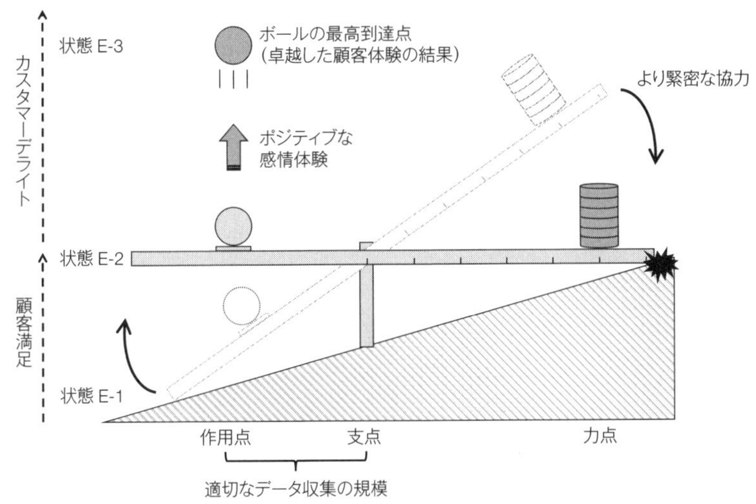

図 4.9　エクセレントサービスにおけるカスタマーデライト
（JIS Y 24082 を基に作成）

のボールの最大垂直距離（同図の状態E-3）が大きいほどポジティブな感情を伴う顧客体験が大きくなり，カスタマーデライトが生み出される．

このように台を「まわそうとする力」を起点とした見方が最初に理解すべきものであるが，力学的にもう少しきちんと考えると，特に左側で他に考慮しなければならないことがある．それが「ボールの速さの増幅」と「台そのもののまわりにくさ」である．これがこの機構の振る舞いを複雑にするのだが，逆にサービスにおけるバランス（塩梅）の重要性を示唆しているともいえる．

「ボールの速さの増幅」とは何かというと，台の回転速度が同じ場合であれば，支点（回転中心）からより遠いところ（外側）に置かれたボールのほうが，射出されるときの速度（勢い）が大きくなるということである（いわゆる投擲機）．また，「台そのもののまわりにくさ」とは，物体がもつ慣性の一種であり，台そのものが長く，また台上の荷重やボールも一体的に考えるとそれらが重いほど，支点に対する回転のしにくさが生じる．そして，これらがトレードオフの関係にあり，かつ先の(a)で述べた反時計回りの力のモーメントもあることから，データ収集の規模には，大きければ大きいほど，あるいは小さければ小さいほどよいというような単純な答えはない．

より良い顧客体験を生み出すためには，そのときの“サービス提供者の顧客中心性”“顧客の積極的な参加”に応じて定まる適切な“データ収集の規模”が存在する．更には，「ボールの質量」が組織の動きの鈍さ（組織の慣性）に対応しているとすると，ボールの軽さが“組織の俊敏さ”を反映する．

本書には掲載しないが，このように定式化した上で解析を行うことで，一定の条件の下で卓越した顧客体験が最も大きくなるときの各要素間の関係，元々の条件と比較してどれくらい増幅されたか（共創環境の効果），またサービス提供側と顧客側のレベルが相互に高められていくことでカスタマーデライトに至るパターンの整理などが可能になる．

これらはいずれも物理現象のモデルに当てはめて得られる理論上の知見のため，現実世界にそのまま当てはまるものではないが，共創環境についての規範的な共通理解づくりに役立てられる．

5.7　エクセレントサービスのための設計の評価

5.7.1　一般

> **5.7　エクセレントサービスのための設計の評価**
>
> **5.7.1　一般**
>
> この活動は，幾つかの観点，すなわち顧客，能力及び持続可能性の観点から，エクセレントサービスの設計を評価することで構成する．

■解　説

エクセレントサービスの評価そのものではなく，これまで行ってきたエクセレントサービスのための設計（DfES）を評価する活動についての細分箇条である．顧客がどう感じるかという観点，設計したシステムの能力の観点及び持続可能性の観点から構成される．

5.7.2　顧客の視点に基づく設計評価

> **5.7.2　顧客の視点に基づく設計評価**
>
> 組織は，顧客の視点に基づいて，設計を評価することが望ましい．カスタマーデライトは，常に顧客に特有で現象的なものであるため，顧客が設計を評価することは不可欠である．しかし，顧客による評価は，設計プロセスにおいて常に実用的又は費用対効果が高いとは限らない．このような状況では，一つ以上の顧客接点における実際の相互作用，カスタマージャーニー全体及び／又は顧客がサービスに参加する方法をシミュレーションすることによって，設計ソリューションをプロトタイプ化及びテストすることが望ましい．これらの方法は，顧客がサービスをどのように体験するかを探る上で，重要な役割を果たす．
>
> 組織はまた，サービスの使用状況を監視して，顧客の感情的な体験，サービス提供者と顧客との相互作用における共創，及び実際の顧客プロセスにおいて，設計がどのように機能するかを評価しなければならない．これには，顧客データ及びサービスフィールドデータを，実データ及びデジタルデータの様々な方法で，一定期間にわたって収集することが含まれる．
>
> 実施のための適切な取組みには，次の事項を含む場合がある．
>
> ― プロトタイピング手法を用いたサービスの体験的プロセスの性質の具体化（例えば，カスタマージャーニーマップ，ストーリーボード及びデスクトップ・ウォークスルーの使用）
>
> ― 設計がどのように顧客の感情を引き出すかを探るための顧客体験テストの実施（例

えば，AB テスト）
— ビジネスのエスノグラフィック調査及び回顧インタビューの実施
— 設計したサービスのプライバシー影響評価及びセキュリティリスクアセスメントの実施（例えば，**JIS X 9251** 及び **JIS Q 27001** 参照）
— デライトの指標としてのアドボカシースコア（支持，推奨又は擁護のスコア）を含むフォローアップアンケート結果の分析
— CRM ツール及びソーシャルメディア上での顧客の行動の定性的データ及び定量的データの分析

■解　説

第一段落では，サービスでは顧客による直接評価が本質的に必要不可欠であることに言及しつつも，設計段階における事前評価やシミュレーションが果たす役割を述べた上で，それらを推奨している．これらに関する適切な取組みとして，“プロトタイピング手法によるサービスの体験過程の具現化”“顧客感情の引出し方法を探るためのテストの実施”“質的調査の実施”及び“プライバシー影響評価の実施”などが挙げられている．

プロトタイピングという言い方であるが，カスタマージャーニーマッピングと同じ様に，成果物としてのプロトタイプよりも“プロトタイプを作成する行為・過程”が重要であることを強調する場合，この表現が好まれる．

ストーリーボードとは，価値ある顧客体験の一連の展開ストーリーを，絵コンテ又は四コマ漫画のようにイラストなどを用いて見える化する手法である．理想的な顧客体験に関するデザインプロセス視点での検証，新サービスのプロトタイプテスト，既存サービスの使用状況の再現による改善点の発見などに役立つ．

デスクトップ・ウォークスルーとは，机上で，付せん，小さいサイズの人形などの簡単な小道具及び模型を使って，サービスの現場を再現する手法である．実際のサービス提供場面が想像しやすく，何度でもシミュレーションでき，楽しみながら議論することで，アイデア発想につながりやすい．

AB テストは，施策の良し悪しを判断するため，A 及び B の 2 パターンを用意し，比較検討を行う，主にウェブマーケティングで用いられる手法である．

例えば，新サービスの本格稼働前に，両パターンをウェブ利用者に試してもらい，検証することで，クリック率などを比較して，より効果的な施策を採用することが可能となる．

第二段落では，リリース後のサービスの使用状況のモニタリングを通じた設計評価に関する事項が要求されており，顧客行動の実際のほか，本規格が対象としてきた感情面及び共創性の観点が述べられている．これも JIS Y 24082 において推奨事項から要求事項に変更したものである．

適切な取組みにある，デライトの指標としてのアドボカシースコアの代表例が，ネットプロモータスコア（Net Promoter Score：NPS®，正味推奨者比率）である．ただし，NPS® がその全てではないし，また登録商標であるため，ISO/IEC Directives に従い，ISO 23592 と ISO/TS 24082 においては NPS® は明記せず，一般的な指標カテゴリに留めることを ISO/TC 312 内で合意した．

5.7.3　能力の観点に基づく設計評価

> **5.7.3　能力の観点に基づく設計評価**
>
> 組織は，設計したエクセレントサービスを提供するためのシステムの能力を評価することが望ましい．組織はまた，デジタル技術の利用の効果若しくは適用性又はその両方を確認することが望ましい．
>
> 評価すべき適切な項目の例には，次の事項が含まれる．
>
> **1)**　顧客接点
> - 重要な顧客接点を実現するための資源が十分に割り当てられ，使用されている．
> - 顧客接点でのコミュニケーションは，顧客ごとに個人化することが可能である．
> - 顧客ごとにポジティブな感情を提供することが可能である．
>
> **2)**　データポイント
> - データ品質は，適切に保証されている（例えば，完全性，正確性，一貫性及び妥当性による．**ISO/TS 8000-1** 及び **JIS X 25012** 参照）．
> - 設計したサービスが卓越した顧客体験及びカスタマーデライトにどのように影響するかを評価するためのデータが取得されている．

— 顧客に提供する個別の優れたサービスをマネジメントするための有用なデータが取得されている.
— カスタマージャーニーを継続的に改善するための有用なデータが取得されている.
— データポイントから得られた様々な種類の情報を収集し，共有し，多目的データ分析に適切に利用されている.

3) 共創環境
— 設計したサービスを提供するために必要なサービス提供者の顧客中心性がある.
— 設計したサービスへの顧客の積極的な参加がある.
— サービス提供者及び顧客が顧客接点を中心に協力可能なシステムが適切に整備されている.
— 共創を促進するための顧客情報が提供されている.
— 共創を支援する組織の能力が開発されている.

■解　説

これまでの DfES 活動を通じて，提供すべきエクセレントサービスが意図されてきた．また，DfES 活動に限らず，サービスの設計プロジェクト全体を通じては，より具体的なサービスの提供システムがともに設計されている．最初の推奨事項において“設計したエクセレントサービス”と“システム”の関係が気になる場合には，この構造を基に読み替え,「意図すべきエクセレントサービスを提供するために設計されたシステムの能力を評価すること」と理解するのがよい.

評価すべき適切な項目の例では，本規格で特に取り上げた顧客接点，データポイント及び共創環境の設計を点検するためのチェックリストを挙げている．これらの該当の有無や状況を改めて調べた上で，他の設計活動との間を往来するような使い方を想定している．項目のほとんどは各細分箇条からの抜粋や言い換えであるが，顧客接点における個別化，データ品質，共創支援の組織能力については明記されていないため，この段階で改めて確認されたい.

また，データポイントの 3 項目目にある“顧客に提供する個別の優れたサービス”は，サービスエクセレンスピラミッドでのレベル 3 を指している.

5.7.4　持続可能性の観点に基づく設計評価

5.7.4　持続可能性の観点に基づく設計評価

組織は，**5.7.2** 及び **5.7.3** の結果に基づいて，エクセレントサービスの維持に努めることが望ましい．組織は，デライトを創出するために，知識の蓄積及び顧客参加の変化を考慮することによって，繰り返された顧客体験をフォローアップすることが望ましい．

注記 1　カスタマーデライトの体験の中には，非常に高いレベルの感情を伴う一度きりの体験（一生に一度のサービスのようなもの）がある可能性がある．

組織は，エクセレントサービスの持続可能で社会的責任のある設計を考慮に入れることが望ましい．これには，持続可能性の柱に沿って，経済的，社会的及び環境的な配慮を統合し，バランスを取ることが含まれる．組織は，設計したエクセレントサービスが持続可能性の次に示す二つの柱を実現しているかどうか評価することが望ましい．

— **経済的**　**図 2** に示すサービスエクセレンスの効果の連鎖を促進する設計
— **社会的**　生活の質，ウェルビーイング，社会性及び社会福祉の向上に貢献する設計

注記 2　**ISO** は，“持続可能な世界の標準”を策定することをコミットメントしている．1987 年の国連のブラントランド委員会の報告書“我ら共有の未来”では，持続可能な開発（例えば，国連の持続可能な開発目標の #3，#8 及び #9）を“将来の世代が自分のニーズを満たす能力を損なうことなく現在のニーズを満たすこと”と定義している[26]．

■解　説

本文の図 2 は，本書の図 4.1（129 ページ）にあたる．

2 文目にある推奨事項は，本書の図 4.3(141 ページ)にて円環構造のカスタマージャーニーを示したことと関連する．繰り返された顧客体験のフォローアップでは，いわゆる会員区分やホスピタリティ産業でのゲスト・エクスペリエンス・マネジメント（Guest Experience Management：GEM）などにみられるように，顧客によるサービスの利用頻度，利用回数などに応じて対応を変えていく，工夫していくことなどが該当する．このことは，カスタマーデライトの定義にある「非常に大切にされている」という感覚をもたらすことに直結する．更にその中では，提供側に限らず，顧客側に知識が蓄積することによる反応や行動の違い，あるいは 5.6.3(164 ページ)で示したような顧客参加のレベルの変化があり得るため，それらを考慮した，継続的なサービス提供が求められる．

参考文献

［1］ **ISO/TS 8000-1**:2011, Data quality—Part 1: Overview
［2］ **JIS Q 9001**:2015　品質マネジメントシステム—要求事項
［3］ **JIS Z 8530**:2021　人間工学—人とシステムとのインタラクション—インタラクティブシステムの人間中心設計
［4］ **ISO 9241-220**:2019, Ergonomics of human–system interaction—Part 220: Processes for enabling, executing and assessing human-centred design within organizations
［5］ **JIS Q 10002**:2019　品質マネジメント—顧客満足—組織における苦情対応のための指針
［6］ **ISO 16355-1**:2021, Application of statistical and related methods to new technology and product development process—Part 1: General principles and perspectives of quality function deployment（QFD）
［7］ **ISO 16355-2**:2017, Applications of statistical and related methods to new technology and product development process—Part 2: Non-quantitative approaches for the acquisition of voice of customer and voice of stakeholder
［8］ **ISO 16355-3**:2019, Applications of statistical and related methods to new technology and product development process—Part 3: Quantitative approaches for the acquisition of voice of customer and voice of stakeholder
［9］ **ISO 16355-5**:2017, Applications of statistical and related methods to new technology and product development process—Part 5: Solution strategy
［10］ **JIS Q 20000-1**:2020　情報技術—サービスマネジメント—第1部：サービスマネジメントシステム要求事項
［11］ **JIS X 25012**:2013　ソフトウェア製品の品質要求及び評価（SQuaRE）—データ品質モデル
［12］ **JIS Q 27001**:2014　情報技術—セキュリティ技術—情報セキュリティマネジメントシステム—要求事項
［13］ **JIS X 9251**:2021　情報技術—セキュリティ技術—プライバシー影響評価のためのガイドライン
［14］ **JIS Q 0064**:2014　製品規格で環境課題を記述するための作成指針
［15］ Tim Brown. Design Thinking. *Harvard Business Review*.2018, 86:6, 84–92, 141.
［16］ Marc Stickdorn, Jakob Schneider. *This is Service Design Thinking: Basics, Tools, Cases*. BIS, 2014.
［17］ Marc Stickdorn, Markus Edgar Hormess, Adam Lawrence, Jakob Schneider. *This Is Service Design Doing: Applying Service Design Thinking in the Real World*. O'Reilly Media, 2018
［18］ Noriaki Kano, Nobuhiko Seraku, Fumio Takahashi, Shin-ichi Tsuji. Attractive quality and must-be quality. *The Journal of the Japanese Society for Quality*

Control. 1984, 14(2), 39–48

[19] INTUIT.COM. D4D Methods. Available from: (https://www.intuit.com/content/dam/intuit/intuitcom/partners/documents/education/icom-edu-d4d-method-cards.pdf)

[20] Long-Sheng Chen, Cheng-Hsiang Liu, Chun-Chin Hsu, Chin-Sen Lin. C-Kano model: a novel approach for discovering attractive quality elements. *Total Quality Management*. 2010, 21(11), 1189–1214

[21] Katherine N. Lemon, Peter C. Verhoef. Understanding Customer Experience Throughout Customer Journey. *Journal of Marketing*. 2016, Vol.80, (Nov. 2016), pp.69–96

[22] The Spanish data protection authority (AEPD). A Guide to Privacy by Design, 2019.

[23] **JSA-S1002**:2019 エクセレントサービスのための規格開発の指針

[24] Katrien Verleye. The Co-Creation Experience from the Customer Perspective: Its Measurement and Determinants. *Journal of Service Management*. 2015, Vol.26, No.2, pp.321–342

[25] Tatsunori Hara, Satoko Tsuru, Seiichi Yasui. Models for Designing Excellent Service through Co-creation Environment. In: Takenaka T., Han S., Minami C. (eds) Serviceology for Services. *ICServ 2020*. Communications in Computer and Information Science, vol 1189, Springer, Singapore, 2020. https://doi.org/10.1007/978-981-15-3118-7_5

[26] United Nations Department of Economic and Social Affairs. Sustainable Development Goals. Available from https://sdgs.un.org/#goal_section

[27] **JIS Q 9025**:2003 マネジメントシステムのパフォーマンス改善—品質機能展開の指針

第5章　企業事例とよくある質問

本章では，JIS Y 23592 と JIS Y 24082 の理解の一助となるよう，関連する事例と質問をまとめている．発行して間もないため，本規格をそのまま適用した事例があるわけではないが，ISO/TC 312 の会合や第 3 回サービス標準化フォーラムなどの場で，議長の Prof. Mattias Goutheir から関連事例の紹介を受けてきた．図 5.1 に示すように，ドイツにおいて DIN SPEC 77224 と CEN/TS 16880 を含むサービスエクセレンス規格の普及に関わってきた企業は様々である．

それらの企業を交えながら，5.1 節ではカスタマーデライトとサービスエクセレンスの標語に関わる国内外の事例を紹介する．5.2 節では DIN SPEC 77224 と CEN/TS 16880 に関する事例を紹介する．5.3 節では，JIS Y 24082 に含まれていた日本提案の要素について，研究事例を基に解説する．5.4 節では，これまで企業の方々と意見交換をしてきた中で受けた質問から幾つかをピックアップして解説する．

図 5.1　ドイツでのサービスエクセレンス規格の普及
（2019 年 10 月の第 3 回サービス標準化フォーラムの講演資料より）

5.1 事例（カスタマーデライトとサービスエクセレンス）

5.1.1 フォルクスワーゲン・グループ

フォルクスワーゲン・グループでは，2016年6月に発表した経営戦略"Together—Strategy 2025"で，同グループが将来，持続可能なモビリティにおいて世界的リーダーとなるための戦略を示した（図5.2）．この中では，配車サービスやカーシェアリングなど新たなモビリティサービス事業の構築，デジタル技術や人工知能技術などのイノベーションパワーの強化なども述べられている．この経営戦略にある四つの目標の一つが"わくわくした顧客(Excited customer)"である．同社の従来の経営戦略において"顧客満足度と品質での先導者"と掲げられていたものと対照的である．

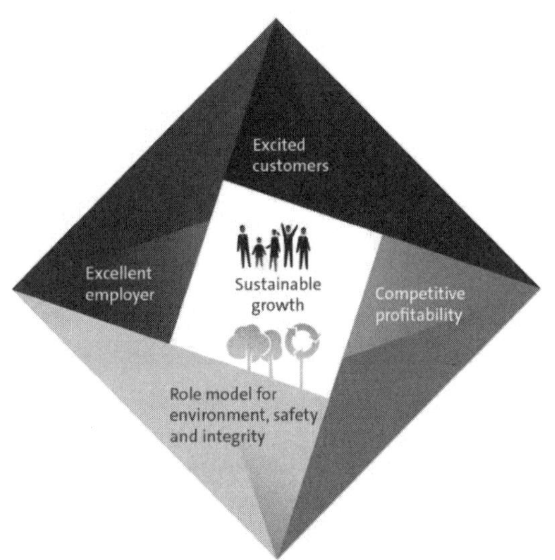

図5.2 フォルクスワーゲン・グループのTogether—Strategy 2025
(https://www.volkswagenag.com/)

この目標は次のように説明されており，サービスエクセレンスが目指すところと一致している．

“この目標では，顧客の多様なニーズとテーラーメイドのモビリティ・ソリューションに焦点を当てています．私たちは，顧客の期待を超え，顧客に最大限の利益をもたらすことを目指しています…（中略）…私たちは，既存の顧客をわくわくさせ，新規の顧客を獲得し，長期的に顧客のロイヤルティを維持したいと考えています．なぜなら，ロイヤルティが高く信頼できる顧客だけが，私たちを他者に推奨してくれるからです．”

また，この目標の 1 文目の内容は，ミッションにも“アジャストされたモビリティ・ソリューションにより，私たちの顧客を喜びに満たす（Our customers are delighted with adjusted mobility solutions）”として表れている．

5.1.2 株式会社ディー・エヌ・エー

モバイルゲーム開発・配信を主業としながら様々な新規事業を手がける株式会社ディー・エヌ・エーは，2021 年 4 月にコーポレートミッション，ビジョン，バリューを刷新した．新たなミッションには「一人ひとりに想像を超える Delight を」とあり，ビジョンとバリューにも Delight が使われている．プレスリリースでは，新たなミッションに込めた想いが次のように述べられている．

“新ミッションでは，これまで DeNA が大切にしてきた Delight という原点に立ち返りました．Delight は通常「喜び」と訳されますが，顔がパッと明るくなるような，ちょっとした驚きを伴う喜びというニュアンスがあります．価値基準が多様になり，人の数だけ幸せや楽しみ方がある中で，一人ひとりのお客様に想像を超える驚きや喜びを感じていただけるよう，そして一人ひとりが自分らしく輝ける世界の実現に向けて，Delight の提供に真っすぐに向かうことを，改めて強く掲げました．”

この“ちょっとした驚きを伴う喜びというニュアンス”は，本書で解説してきたカスタマーデライトと非常に近く，理解しやすい．

5.1.3　オーチス・エレベータ・カンパニー

世界最大のエレベータ・エスカレータメーカーであるオーチス・エレベータ・カンパニー（以下，“オーチス社”という）は，2004年にサービスエクセレンスについてのビジョンを発信し，それに沿った社員が実行すべき12項目を定めた．

ここでのサービスエクセレンスは，本書で解説してきた組織能力というよりは，直訳に近い“サービスの卓越性”であり，時に“卓越した（メンテナンス）サービス”という意味合いでそのまま使われている．つまり，本書での“エクセレントサービス”と同等の使い方である．

点検・修理・メンテナンスが古くから重視されてきたエレベータ業界では，自社を製造業者（メーカー）ではなくサービス提供者と位置付ける企業が少なくないが，その中でも，他社のメンテナンスサービスとの差別化を図ろうとしたものと受け取れる．その当時のビジョンには次のようにも書かれている．

> “私たちは，エレベータ会社の間だけでなく，世界中の全ての会社の間で卓越したサービスのリーダーとして認められることを目指しています．”

現在では日本オーチス・エレベータ株式会社（以下，“日本オーチス社”という）の企業のウェブサイトに次のように書かれている．同内容はオーチス社のグローバルウェブサイトにもある．

> “オーチスでは，メンテナンスサービスの卓越性はスローガンではありません．それは私たちのビジネスそのものだからです…（中略）…サービスエンジニアの一人ひとりが，お客様の個別のニーズに合わせて特別に調整された，卓越したメンテナンスサービスを提供すべく，献身的に取り組んでいます．”

更に日本オーチス社では，このサービスエクセレンスの実現を支える人材育成に関する取組みを行ってきている*1．そこでは，安全・倫理・内部統制とい

*1　産業能率大学総合研究所，【事例紹介】日本オーチス・エレベータにおける「サービス・エクセレンス」実現を支える人材育成の取り組み（https://www.hj.sanno.ac.jp/cp/feature/201501/08-02.html）

う基盤部分と連動した研修のほか，2011年にはDESTINATION 2020と呼ばれる，日本オーチス社独自の長期目標が打ち出された．

本目標の中心には従業員満足度が挙げられており，この点に関して，従業員満足度がサービスの卓越性，従業員各自の主体性及び顧客ロイヤルティと密接に関係することが述べられている．

5.1.4　E.ON

E.ON（エーオン）は，ドイツ・エッセンに本社を置き，電力・ガスなどを供給するヨーロッパ有数の大手エネルギー会社である．

第2章で述べたように，E.ONのメンバがドイツのエキスパートとして参画し，ISO/TS 23686（予定）の開発が現在行われている．2020年2月にE.ON本社で開催されたISO/TC 312のWG 1とWG 2の中間会議に先立ち，彼らからのプレゼンを受けた．

E.ONではNPS®を用いた顧客体験マネジメントに幅広く取り組んでおり，組織全体における顧客体験への戦略の組込みと，データに基づく中間管理者の意思決定・戦略策定が展開されている．

日本においても，顧客ロイヤルティを図る指標としてNPS®などを用いて，KPIを設定する企業が増えてきている．サービスエクセレンス規格はそうした測定・評価の取組みとバッティングするものではなく，それらを活かしつつ，より具体的かつ包括的な組織づくりとサービスづくりを支援するものである．

次の図5.3は，E.ONでの3種類のNPSを用いた顧客体験に関する全社戦略を表している．同図中の下部のtNPS（顧客接点NPS）は，自社と特定のやりとりをした顧客からのフィードバックに対応するもので，コールセンターの担当者との会話などがこれにあたる．

中段のjNPS（ジャーニーNPS）は，自社の体験を終えた顧客のロイヤルティ測定に対応するもので，新居への引越しの際のサービス利用などがこれにあたる．また，E.ONでは，顧客とのやりとりの90%をカバーする九つのカス

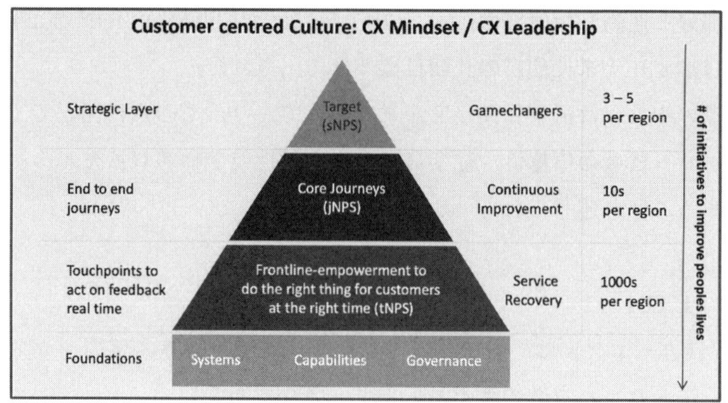

図 5.3 E.ON 社の顧客中心の文化と顧客体験マネジメント[*2]

タマージャーニーが準備・共有されており，それによって顧客体験が横断的にマネジメントされているという．

最上部の sNPS（戦略的 NPS）とは，自社とのやりとりの有無に関わらない競合他社とのパフォーマンスを比較するものである．

なお，これらはそれぞれボトムアップ型 NPS，エピソード NPS，トップダウン型 NPS とも呼ばれる．

指標を中心に顧客体験とそのマネジメントを中心にみればこのような構造になるが，最下部にはそれらの取組みを支える土台としてシステム，能力及びガバナンスがある．これらはサービスエクセレンス規格が対象としている組織能力に相当すると考えられる．今回，ドイツの E.ON が ISO/TC 312 に参画しているのも，組織能力の重要性を認識しているからであろう．

E.ON では，顧客体験マネジメントに基づいた個別ニーズに応える新サービス開発と組織基盤の更新に加えて，ブランドの革新にも取り組んできた．ユーティリティ会社は「退屈な公共事業会社」としてみられがちであるが，2017 年の太陽光発電に関するキャンペーン動画などの取組みでは，94％の人々が

---

*2 Keith Fletcher, Customer Experience at E.ON .... It's all about customers, 2019. (https://na-admin.eventscloud.com/docs/7630/294800)

E.ONを「驚くべきエネルギーソリューションのイネーブラー」として認知するようになったといわれている*3.

5.2　ドイツでの先行規格の活用事例

以下は，DIN SPEC 77224とCEN/TS 16880の規格内容に沿った取組みが行われている事例である．第3回サービス標準化フォーラムでのProf. Mattias Gouthierからの講演では，これら事例の企業では売上，利益，顧客ロイヤルティなどの経営業績指標が伸びており，サービスエクセレンスの効果の連鎖を実現できていることも述べられていた．

5.2.1　大規模企業の例：WISAG Facility Service Holding

同社は，施設・設備・建物のファシリティサービスに関するドイツのリーディング企業であり，規模も非常に大きい．ビジョンとして「2020年までにWISAGは，強力なブランドとして，顧客と従業員を喜ばせ，心をつかむ.」を掲げており，またその実現に向け，デライトの成功連鎖（delight success chain）と呼ばれる枠組みを用いた内部・外部のパフォーマンス測定を毎年行っている（図5.4）．

このデライトの成功連鎖は，JIS Y 23592の図3.1（59ページ）の“サービスエクセレンスの効果の連鎖”の作業原案にあったような，従業員側の要素を含んだ構成になっている．また，この企業では，社内でのカスタマーデライトの普及促進のために，Idea Poolと呼ばれるハンドブックを作成・活用し，模範とするカスタマーデライトのアイデアを社内で共有している．

---

*3　How E.ON repositioned as the “un-utility” energy company (https://www.marketingweek.com/how-e-on-repositioned-as-the-un-utility-energy-company/)

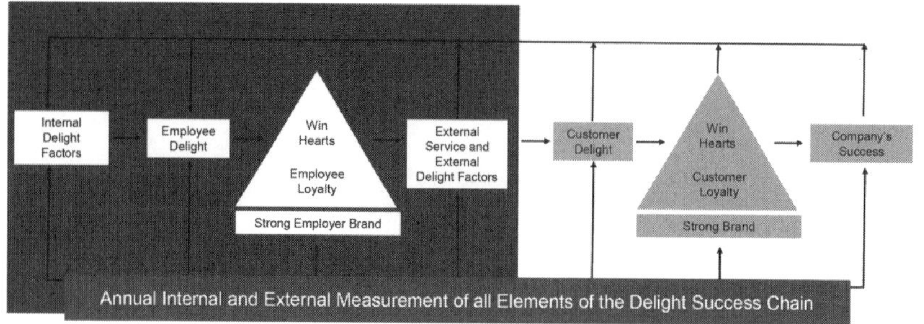

図 5.4 WISAG 社が用いているデライトの成功連鎖[*4]

5.2.2 中規模企業の例：TeamBank

TeamBank は，ドイツの協同組合銀行ネットワークでの流動性マネジメントなどを専門にする金融企業であり，後払いクレジット easyCredit や分割払い購入ソリューション ratenkauf by easyCredit を手がけている．同社の事例レポートは ISO/TC 312 の委員会サイト上[*5]に公開されており，JSA の ISO/TC 312 の特設ページ[*6]にその翻訳版も公開されている．ここでは，そのレポートの掲載内容を一部引用しながら紹介する．

同社のようなサービス提供組織が DIN SPEC 77224 を導入した目的は，競合他社と比較してより高い顧客便益を提供し，サービス品質の観点から市場でのリーダーシップをとることにある．DIN SPEC 77224 のサービスエクセレンス規格による体系的かつ価値ベースのアプローチを用いて，顧客志向のプロセスを実施することにより，確立された品質基準に基づくサービスの提供と，競合他社との差別化を図ることができる．図 2.5（38 ページ）にもあった「エクストラ・マイル—期待以上のことをする．」という意味でのカスタマーデライトが成功の原動力となっていると述べられている．

[*4] Hempel, R. (2016). WISAG Facility Service: Measuring and Promoting Customer Delight. in: Gouthier, M./Kohler, G./Moll, A. (Eds.): Management of Customer Delight, Kissing, 165–176.

[*5] https://committee.iso.org/home/tc312

[*6] https://www.jsa.or.jp/isotc312sp/

同社の副CEO（当時）であるChristian Polenzは，「サービスエクセレンスとカスタマーデライトは，長期的なビジネスの成功にとって最も重要な指標」と強調する．中核となる顧客要求を常に組織の中心に置き，継続的な改善プロセスを構築することが全体の目標である．

また，同社がDIN SPEC 77224に準拠した認証を取得している点も特徴である．ISO 23592とISO/TS 24082及びISO/TC 312において，認証制度化の動きは現時点はないが，この観点でもみておこう．DIN SPEC 77224に準拠した認証は，同社の現状を説明する役割を果たし，ベンチマークを設定できる．「内部で標準化し，外部で個別化する.」という標語は，サービスエクセレンスの規格によって支えられるとともに，実務的かつ科学的アプローチに基づいた部門横断の規格という付加価値を提供する．また，DIN SPEC 77224に基づく外部評価での優れた結果は，顧客志向のアプローチを強調し，これを成功の秘訣として特徴付ける．

「(DIN SPEC 77224の）広範な監査プロセスにより，当社の組織全体が顧客の視点で考え，関連する全てのプロセスをそれに合わせていることが客観的に裏付けされる．このようにして，私たちは，デジタルの未来と今後の競争の課題に向けて，よい出発点に立つことができた.」とChristian Polenzはまとめている．

また，事例レポートでは，JIS Y 23592の箇条6で紹介したDIN SPEC 77224のサービスエクセレンスモデルの構成要素に沿って，次のような社内の取組みが紹介されている．

・経営陣のエクセレンスへの責任，リソースのエクセレンス志向

同社の経営委員会（management board, 経営方針の設定，経営の執行を行う役員の機関）のエクセレンスへの責任の一つは，サービスエクセレンスを既存の組織構造にしっかりと統合することである．同社では，既存の情報，文書，報告書，手段を構造化し，DIN SPEC 77224の規格適用に適切な基盤を構築した．経営陣は，顧客志向の施策を実施する際のロールモデルとして常に注目されているため，エクセレンス志向をそれ相応に

履行する必要がある．

・エラーと浪費の回避，重要な顧客体験の収集

同社では，迅速な顧客のフィードバックの管理のために，顧客ポータルを通じ，エラーや混乱要因を特定し，取り除くことを目指している．これには，提供しているサービスに関連したポジティブ及びネガティブな顧客体験の収集と分析も含まれる．顧客関係管理（CRM）や NPS® の定期的な測定などもここに含まれる．

・サービスイノベーションによるカスタマーデライト，デライトとその効果の測定，収益性分析

サービスエクセレンスの統合においては，成功を測るための具体的な指標の定義と同様に，アジャイルな仕事の進め方や組織の形態，サービスイノベーションの開発など，未来志向のトピックとの統合が有効である．これらは，その業界（例えば，金融業界）におけるカスタマーデライトの明確な要因を特定するのに役立つ．また同社では，収益性分析を行い，その結果を年次報告書にまとめ，成功要因に基づいて評価している．

5.2.3 小規模企業の例：oneservice

同社は，生命科学，診断機器，及び医療機器に対するマネージドサービス，コンサルティング，研修などを手がけている小規模な企業である．

彼らは 2017 年の設立当初より CEN/TS 16880 を活用してきたが，CEN/TS 16880 のサービスエクセレンスモデルを単純化したものを内部的に使用してきた．図 5.5 の中央に示されるモデルがそれである．これは JIS Y 23592 にある図 3.2（67 ページ）と視覚的に類似しており，ドイツでの ISO 23592 の作業原案作成時に参照されたようである．

この企業の興味深いところは，自社内でサービスエクセレンスを実践するだけでなく，ビジョンの一部に「顧客企業によるカスタマーデライトの実現を手助けするリーディングプラットフォーム」を掲げ，サービスエクセレンスアカデミーと呼ばれるオンライン研修を提供していることである．これによって，

例えば，顧客企業の全従業員に対するサービスエクセレンスの動機付けを支援している．

本研修のコンテンツはJIS Y 23592の構造とは異なり，かつドイツ語／英語であるが，サービスエクセレンスを少し別の表現から短時間で学習できる．導入コンテンツを試聴可能なため，興味のある方は訪れてみてはいかがだろうか．例えば，“卓越した従業員と文化”のモジュールでは，個々のサービス提供者（従業員等）が自身に設定すべき高い基準として次のようにまとめられている．実際のコンテンツでは，山登りでの標柱に例えてこれらを視覚化するなどの工夫がされている．1. が地上面，6. が山頂に近いところにある．

1. プロフェッショナルとして外見，言語，行動に誇りをもつ．
2. 強力な関係を構築し，ロイヤル・カスタマーを生むように努める．
3. 積極的になる．
4. 自分の組織を誇りに思っていることを示す．
5. オーナーシップと説明責任を取る．
6. 顧客の期待を超える機会を見つける．

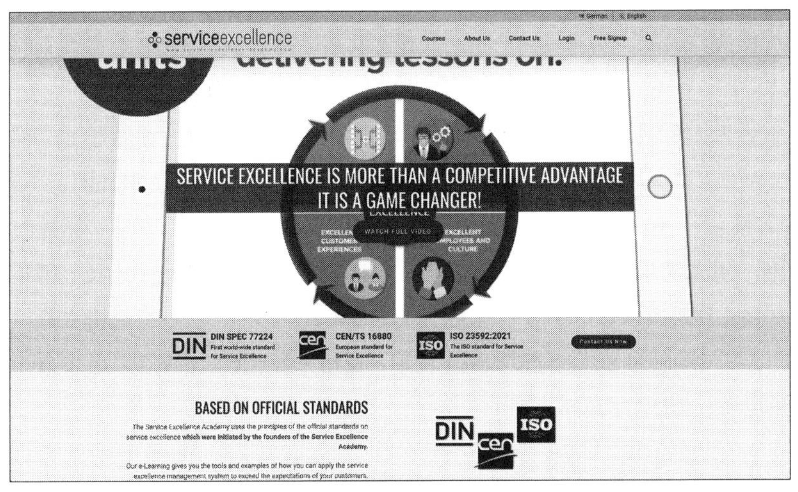

図 5.5　oneservice 社のサービスエクセレンスアカデミー
（https://www.service-excellence-academy.com/）

5.3 JIS Y 24082 の理解を助ける事例

先の 5.1 節と 5.2 節は，主に JIS Y 23592 に関連した事例紹介であった．一方，日本主導で開発した JIS Y 24082 には，JIS Y 23592 では明示されていない考え方が追加されている．本節では，JIS Y 24082 に込められた日本提案の思いを，筆者の研究事例を交えて解説したい．

サービスエクセレンス規格は，製造業によるサービス事業，及び B2B サービスに対しても適用できる．ここでは B2B の製造業のサービス化事例をみてみる．

一般に，製造業のサービス化（特にサービタイゼーション）というときには組織能力や組織の変化が含まれることが多いが，本節では市場提供物に注目し，JIS Y 24082 でのエクセレントサービスに特徴的な要素と製造業のサービス化とがどのように関わるかを解説する．

5.3.1 コマツ（株式会社小松製作所）

コマツ（株式会社小松製作所）が手がけてきた建設機械の遠隔稼働管理システム Komtrax は，製造業のサービス化と共創に関する好事例としてよく取り上げられてきた．

コマツは第 3 回日本サービス大賞の内閣総理大臣賞を受賞するなど，現在はスマートコンストラクションで有名である．以下で解説する Komtrax では“顧客接点”“データ取得点”“サービス提供者の顧客中心性”“顧客の積極的な参加”“共創環境”に注目することで，同社のサービスの変容・成長・創発をより良く理解できる．筆者の研究[*7]でまとめた図 5.6 に沿って説明する．なお，ここでの顧客とは，建設機械を使用・運用・管理する企業のことであり，建設現場も含む．

[*7] Hara T., Sato K. and Arai T. (2016). Modeling the transition to a provider-customer relationship in servitization for expansion of customer activity cycles. CIRP Annals—Manufacturing Technology, 65(1), 173–176.

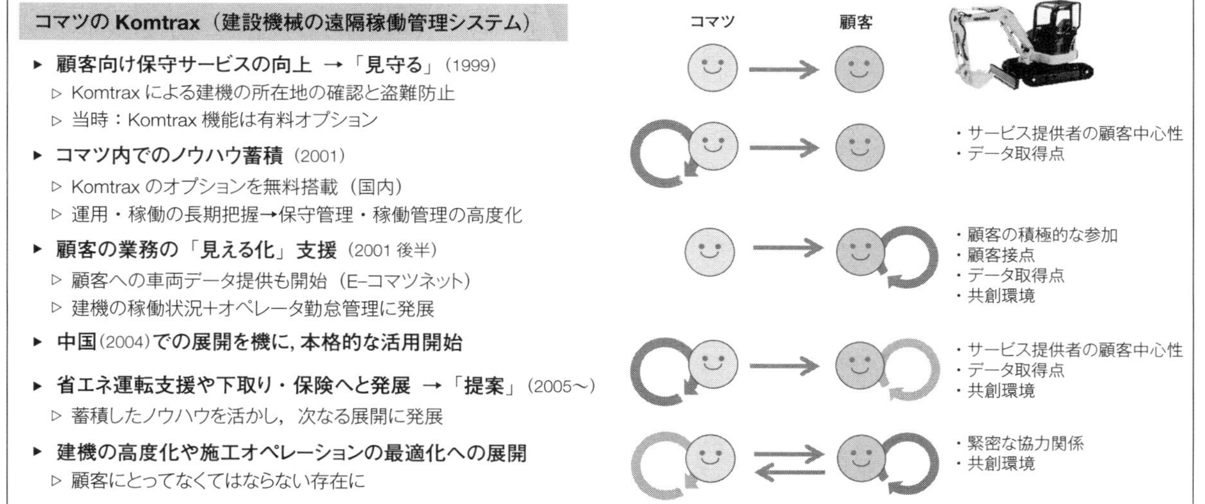

図 5.6 コマツの Komtrax のサービス変容
（JIS Y 24082 の要素による分析）

まず，GPSによる建設機械の現在地把握を主とした初期機能は，保守サービスの向上のための付加サービスであった．それが2001年に重要な“データポイント”として認識されることで標準搭載になり，そこで得られる車両データと相まって“サービス提供者の顧客中心性”が推し進められた．その結果，価値提案が変容し，保守管理や稼働管理などのアフターサービスの高度化が進んだ．

このように提供側の活動を進展させただけでも十分にエクセレントサービスになり得るが，Komtraxの例では，得られた車両データを閲覧可能な環境（プラットフォームであり“共創環境”）を代理店や一部の顧客に対して提供開始した．これにより，新たな“顧客接点”をつくるとともに，“顧客による効率的・効果的な利用”という“顧客の積極的な参加”を後押しした．顧客による同環境の利用過程では，建機の稼働状況をオペレータの勤怠管理として用いるなどの発展的な利用が一部の顧客で行われていたといわれている．

同社は，こうした顧客による新たな使い方や業務プロセスを“データポイント”も介した“フィードバックの提供”を受けることで学び，そしてそれらを取り込んでいくことで自社サービスと“サービス提供者の顧客中心性”をより発展させていった．このようにして顧客とサービス提供者それぞれの活動サイクルが段階的に進展していくことで，両者の間により対等な“緊密な協力関係”ができあがった結果，顧客にとってなくてはならない存在として，建機の高度化や施工オペレーションの最適化の展開へとつながっていった．

これら一連の流れはJIS Y 24082を用いた新たな設計事例ではないが，このように世の中のサービスをJIS Y 24082の枠で捉え直すだけでも，共通構造がみえてくることがわかる．

5.4 よくある質問

Q1 JIS Y 23592 では従業員とそのエンゲージメントに対する取組みが多く述べられているが，対人サービスの規格と考えてよいか？

A1 まず，サービスエクセレンス規格は，観光・ホテルなどのホスピタリティ産業などでの対人接客に限らず，様々な業種におけるサービス全般を対象にした規格である．ここでのサービスには，図 5.1（181 ページ）のドイツの例からわかるように，製造業が手がけるサービス事業も含まれる．「顧客がいて，その人・組織のために何かをする行為」は全てサービスである．

また，抽象的な言い方になるが，顧客体験の重視などサービスという概念が含む方向性を理解し，非サービス事業を“サービスとして”捉え直すときにも役立つ規格である．顧客体験の重視に加えて，JIS Y 24082 の場合には，顧客との共創への注目，使用データの利活用も採り入れた持続性の強化という方向性も含まれている．

確かに JIS Y 23592 では従業員のエンゲージメントに関する事項が多いが，現在の従業員に対してだけでなく，新たな人材採用にも活かせる規格である．7.2.2 の“a）新しい従業員の採用及び受入れ”にあるような，サービスエクセレンスに対する姿勢と行動に重点を置いた採用活動と研修プログラムなどは JIS Y 23592 の特徴といえ，例えば ISO 9001 などでは非対象の組織活動である．

Q2 B2C サービスが対象で，B2B サービスは対象外か？

A2 カスタマーデライトを目的とした規格と聞くと，B2C（対個人）サービスが主であって，B2B（対事業所）サービスとは関連が低いと思われるかもしれない．B2B では一般に，顧客企業の成功（＝事業の成果）[*8] への注目

[*8] 近年ではカスタマーサクセス（customer success）と呼ばれる，顧客の成功（＝事業の成果）と自社の収益とを両立させる事を目指し，能動的に顧客に対して働きかけていく考え方もある．従来型のカスタマーサポートからの転換を図るためのものであり，そこでもカスタマーデライトの役割が幾つかの文献において指摘されている．

がなされ，顧客企業の業務そのもの，あるいはB2B2Cのように，顧客企業（中間のB）が最終ユーザー（C）に手がけるサービスが想定された上で支援がなされる．そのいずれにおいても，顧客企業の成功を支える卓越した体験と感情的な価値が，サービス提供者である自組織と顧客企業との結び付きをより強くすることには変わりない．顧客企業の事業活動では，機能面や価格面での合理的な判断だけでなく，信頼や信用といった側面も重要な役割を果たしているため，顧客企業に評価され，更に感動されることは，顧客企業のロイヤリティや推奨率の面でも利益をもたらすことにつながる．

また，B2Bサービスの場合，顧客企業には内部構造があり，意思決定者（例えば，経営陣），管理者（例えば，中間管理職），日々のユーザー（例えば，従業員）など複数の関係者が関わることが一般的である．そのため，卓越した顧客体験とカスタマーデライトが何であるかを関係者の役割ごとに分析することが重要である．

Q3　JIS Y 23592は認証規格ではないようだが，認証制度の動きはあるのか？

A3　2021年10月の時点では認証制度化の動きはない．そのため，組織の内部目的のためにこの規格を使うのが第一義と考えている．ただ，前身ともいえるDIN SPEC 77224とCEN/TS 16880では認証制度があり，幾つかの欧州企業が取得したことを対外的に公開している．そのため，今回のISO規格についても，今後の規格改訂において認証制度化の可能性があると考えられる．

ただ，欧州を中心とした海外企業と比較して，日本ではそもそもサービスエクセレンスという概念についての認知と経験の蓄積が十分にない．この点は第1章でも述べた．そのため，まずは国内においてはサービスエクセレンス規格のユーザーを増やし，導入を増やし，メリットを実感してもらうことが先である．その上で，例えば，次のような認証のニーズが喚起される．

・顧客中心の姿勢を外部に打ち出せること

・海外への通用性獲得，国際展開

・ビジネス上のパートナーとしての信頼確保

次の規格改訂のタイミングで日本での導入経験を活用できれば，認証基準の明確化と認証制度化に対する新たな貢献と日本にとってのアドバンテージを確保できる．逆にいえば，国際規格が発行された今の時点から日本も活用していかなければ，こうした動きに遅れをとるおそれがあるともいえる．標準化戦略が決して得意とはいえない日本にとっては，これから数年間は国内導入体制構築のためのリードタイムである．

Q4　どのように規格を活用していけばよいか？

A4　どのような組織が規格のユーザーであるかを分けて考えてみる．

まず，顧客の価値観や事業環境の変化を受け，何か変わらなければならないと漠然と感じている組織である．この場合，いったい何をどうすればよいか，何から手を付ければよいかに悩む組織も少なくない．この規格には，あるべき姿や理想像に関して，見本となるモデルや実施事項が書かれており，それらを学ぶことから始めるのが有益である．

次に，現在の仕組みやサービスを改善したいと思っている組織である．この場合，規格の内容と自分たちの取組みを比較することで，自己のレベルを確認し，成長点を探すことができる．2022 年夏頃には新たな規格 ISO/TS 23686 というサービスエクセレンスのパフォーマンス測定規格の発行が予定されており，これを併せて活用することで，アセスメントがしやすくなる．

最後は，今のところ優れたサービスを提供できている組織である．事業環境の変化が激しい昨今ゆえ，こうした組織であっても継続的にエクセレントサービスを提供できるとは限らない．この規格のモデルに当てはめることで，属人性を低めて体系化したり，継続可能な仕組み化へと転換したりすることで組織能力を高めていく際のヒントが得られる．

Q5 大企業でないと活用できないか？ また，サービスエクセレンスピラミッドでいきなりレベル3，レベル4に取り組むのは間違いか？

A5 必ずしも資本力や規模の大きさを求めておらず，中小企業のトップマネジメントでも活用できる規格だと考えている．また，スタートアップなどで新規事業を興すときは，顧客満足というよりはむしろカスタマーデライトに近いものを実現しようと思っているはずで，レベル3とレベル4の内容に注目するだけでも大いに活用の余地がある．

ISO 9001とは異なり認証規格ではないため，全てを実施する必要はなく，自分たちにとって必要な考え方や個別の活動を見定めながら，部分的にでも活用していってもらいたい．

なお，“土台となる顧客満足を生むサービスを確実にする基盤”であるレベル1とレベル2について，ISO 9001などの特定の認証を取得している必要は必ずしもない．ただし，基盤となる組織能力が備わっていなければ，レベル3とレベル4に向けた取組みの継続的な実施・運用は難しいであろう．

Q6 顧客満足とISO 9001では不十分なのか？

A6 第2章の2.3節（特に図2.4，36ページ）で，顧客満足とISO 9001，カスタマーデライトとサービスエクセレンス規格，これらの教科書的な棲み分けについて解説した．ただ，実際の企業の取組みをみてみると，顧客満足とISO 9001の名の下で極めてレベルの高い取組みをし，実質的にカスタマーデライトを目指している企業も多数ある．日本で日常的に使われる“顧客満足”は非常に幅がある．ここで重要なことは，自分たちが行っている様々な取組みを棚卸し，それが顧客満足の確保に向けたものなのか，あるいはレベル3やレベル4がいうようなカスタマーデライトを達成しようとするものなのかを整理してみることである．

JIS Y 23592とJIS Y 24082はこの整理を行う上で役立つし，そうすれば次にどこを延ばすべきかという強化ポイントもみえてくる．JIS Y 23592には，ISO 9001にはない要素として“サービスエクセレンス文化”の要素が強調されていることから，ここを積極的に活用するというのも方法であろう.

Q7　カスタマーデライトは魅力的品質に近いという説明があったが，陳腐化して一元的品質や当たり前品質に変わってしまう可能性があるとすると，どうすればよいのか？

A7　第2章の2.3節と一部重複するが，そもそもこのサービスエクセレンスピラミッドを機能面で捉えるか印象・過程面で捉えるかによって，解釈の仕方が変わってくる．筆者自身もそうであるが，いわゆる工学的な立場からすると，サービスエクセレンスピラミッドにあるレベル3とレベル4をみたときに，どうしてもレベル1やレベル2にはない“新たな機能の追加”や“高機能化”にみえてしまう．すると，質問にあるように，魅力的品質も陳腐化し，当たり前品質に変わった際には，カスタマーデフライトのためにはまた「新たな機能開発が必要」とだけ解釈してしまう.

これも大事な点であるが，もう一方の印象・過程面でいえば，既存の機能と変わらないが，その提供の方法や過程で良い印象を与えることで，レベル1とレベル2との差別化を図ることができる.

図2.5の左側（38ページ）に示したような吹き出しでいえば，レベル3が示す方向性を“adding a personal touch”や“adding a human touch”と呼ぶ場合もある．例えば，ちょっとした困りごとをスタッフに相談した際，「問題解決には至らなかったが，親身になって一緒に考えてくれたので，自分は大事にされていると思った.」などはこの意味で典型的なレベル3である.

実際，2.3.2項（36ページ）にて紹介したSERVQUALにあるサービス品質の質問項目は，様々なサービスに共通する印象・過程面での知覚品質に関するものが多い．これらはいわゆる機能的評価とは異なり，慣れや期待変化などはあるものの，機能面での陳腐化のようなことは起こりづらいと思われる．そのため，これら両方の考え方を常にもっておくことが必要であろう.

Q8 サービスエクセレンスを追求する場合，コストとのバランスはどう考えればよいか？

A8 サービスエクセレンスは継続的な投資である．JIS Y 23592 の箇条4（サービスエクセレンスの重要性及び便益）には，この投資に対するサービスエクセレンス実現時の便益が書かれているが，その中には“長期的なコスト節約の可能性（例えば，失敗コストの削減，販売への転換の容易化及び新規顧客を獲得するための広告費用の削減）”が示唆されている．また，“顧客の協力及びエンゲージメントの向上”を通じて，JIS Y 24082 で示した顧客との共創を実現し，価格競争にならない新たな評価軸をつくり，差別化を図る方向性もある．

とはいえ，闇雲なエクセレントサービス（excellent service）の指向は過剰サービス（excessive service）になるリスクもはらんでいるため，短中期的には，サービスの提供コストとの向き合い方も考えておかなければならない．

まず理解いただきたいのが，本書のサービスエクセレンスモデルにある全ての要素に同時に取り組む必要はなく，コスト面も踏まえながら，各々の組織に適した追求が想定されているということである．その上で，サービスエクセレンスモデルと同じ構造をもつわけではないが，より提供コストに注目した関連研究として，Wirtz らによる Cost effective service excellence (CESE：費用対効果の高いサービスエクセレンス)[*9] と一連の事例分析がある．CESE は，コストとのバランスが取れるようにサービスエクセレンスを追求するものであり，そのアプローチとして，(a)（サービスエクセレンスとコスト意識の）デュアルカルチャー戦略，(b)（プロセスのばらつきを減らすための）オペレーションズ・マネジメント・アプローチ，(c)焦点を絞ったサービスファクトリー戦略の三つが整理されている．

(a)はリーダーシップのほか，従業員の行動レベルでも存在し，JIS Y

[*9] Wirtz, J. and Zeithaml, V. (2018). Cost-effective service excellence. Journal of the Academy of Marketing Science. 46(1), 59–80.

23592 の 7.2.2(d)にある“コストを考慮しながら，カスタマーデライト及び卓越した顧客体験を提供する”（88 ページ）に通じる．近年の多くのデジタルテック企業が(b)を用いているであろうが，Amazon.com の場合には(a)の側面を併せもつ点が特徴とされる．また，(c)の事例として，対象顧客を限定した病院・医療サービスや，LCC（ローコストキャリア）でありながら高品質のサービスで知られるジェットブルー航空などを挙げている．

サービスエクセレンス規格や本書での解説にこれらの内容は含まれていないが，サービスエクセレンスを適用する範囲や場面を明確にする意味でも参考になるであろう．今後の研究の進展によって，国内での導入を支援する，より実践的なガイドブックや研修などでの更なる解説が期待される．

Q9　サービスエクセレンスとおもてなしとの違いは何か？

A9　サービスエクセレンス規格の JIS 制定の公告[*10]には，次の記載がある．

> “グローバル化が進み，サービスの受け手が世界中に広がった今，サービスの発信側の思いを伝える「おもてなし」という属人的で伝承的な考え方だけでなく，「サービスエクセレンス」という，受取り側の体験（顧客体験）まで捉えた，組織的で体系的な取組みを実装することは，市場での成功，ひいては組織の持続的発展につながると期待されます．”

日本でおもてなしというと，依然，「真実の瞬間」を代表とする顧客接点での属人的な気遣いの意味合いが強い．これは図 2.5（38 ページ）に示されるサービスエクセレンスピラミッドのレベル 3 のイメージに近いが，サービスエクセレンス規格の内容は，むしろ，そうした瞬間を生み出すために必要な組織的な仕組みに注目したものであり，おもてなしを補完するものともいえよう．

類似の質問として「カスタマーデライトとおもてなしの違いは何か？」が

[*10] 経済産業省(2021)．サービスエクセレンスに関する JIS 制定—顧客の喜び・感動につながるサービス提供を目指して—（11 月 22 日プレスリリース）

ある．公告にて“発信側の思い”と“受取り側の体験（顧客体験）”と対比されていることと同様に，おもてなしは提供側からの表現（心のこもった接遇や応対）であるのに対して，サービスエクセレンスが目標とするカスタマーデライトは顧客側からの表現である．この違いは，図 2.4（36 ページ）にてサービスエクセレンスピラミッドの右側にカスタマーデライトが置かれたことからもわかり，これによって提供側と受給側の両方のバランスを保った見方ができる．

索　引

S

T

V

W

X

あ

い

う

え

お

し

す

せ

そ

た

ち

つ

て

と

な

ね

の

は

ひ

ふ

へ

ほ

著者略歴

水流　聡子（つる　さとこ）

1981年　広島大学教育学部 卒業
1985年　広島大学医学部医学科 助手（公衆衛生学講座）
1992年　博士取得 博士（医学）（広島大学）
1996年　広島大学医学部保健学科 助教授
2003年　東京大学大学院工学系研究科 化学システム工学専攻 助教授（准教授）
2008年　東京大学大学院工学系研究科 医療社会システム工学寄付講座 特任教授
※2016年更新時に「品質・医療社会システム工学寄付講座」に改名
2021年　東京大学 総括プロジェクト機構「QualityとHealthを基盤におくサービスエクセレンス社会システム工学」総括寄付講座 特任教授
東京大学大学院工学系研究科 人工物工学研究センター 特任教授
現在（2021年）　東京大学 総括プロジェクト機構「QualityとHealthを基盤におくサービスエクセレンス社会システム工学」総括寄付講座 特任教授
東京大学大学院工学系研究科 人工物工学研究センター 特任教授
ISO/TC 312/WG 2 主査
ISO/TC 312国内審議委員会 委員長
ISO/TC 176/SC 1 国際エキスパート
ISO/TC 176品質マネジメントシステム規格国内委員会 委員
経済産業省 日本工業標準調査会（JISC）総会 委員
経済産業省 ガス安全小委員会 委員
消費者庁 消費者安全調査委員会 委員
日本学術会議 連携会員（サービス学分科会）
日本臨床知識学会 理事長
受　賞　経済産業省 令和3年度産業標準化事業 経済産業大臣表彰

原　辰徳（はら　たつのり）

2004年　東京大学工学部システム創成学科 卒業
2009年　東京大学大学院工学系研究科 精密機械工学専攻 博士課程修了，博士（工学）
2009年　東京大学大学院工学系研究科 精密機械工学専攻 特別助教
2010年　東京大学大学院工学系研究科 精密機械工学専攻 助教
2011年　東京大学 人工物工学研究センター 講師
2013年　東京大学 人工物工学研究センター 准教授
2019年　東京大学大学院工学系研究科 特任研究員（主幹研究員）
2021年　東京大学 総括プロジェクト機構「QualityとHealthを基盤におくサービスエクセレンス社会システム工学」総括寄付講座 特任准教授
その他，2019年から2021年の間，慶應義塾大学大学院政策・メディア研究科 特任准教授，内閣官房IT総合戦略室 IT参与，IT戦略調整官などを兼務
現在（2021年）　東京大学 総括プロジェクト機構「QualityとHealthを基盤におくサービスエクセレンス社会システム工学」総括寄付講座 特任准教授
デジタル庁 デジタル社会共通機能グループ 統括官付
ISO/TC 312/WG 1 エキスパート，WG 2 プロジェクトリーダー
ISO/TC 312 国内審議委員会 委員
サービス学会 理事
観光情報学会 理事
受　賞　経済産業省 令和3年度国際標準化貢献者表彰（産業技術環境局長表彰）など

安井　清一（やすい　せいいち）

2006年　東京理科大学理工学研究科 経営工学専攻 博士課程修了，博士（工学）
2006年　東京理科大学理工学部経営工学科 助手
2007年　東京理科大学理工学部経営工学科 助教
2017年　東京理科大学理工学部経営工学科 講師
2021年　東京理科大学理工学部経営工学科 准教授
2017年　東京大学大学院工学系研究科 医療社会システム工学寄付講座 特任研究員（主幹研究員）
2021年　東京大学 総括プロジェクト機構「Quality と Health を基盤におくサービスエクセレンス社会システム工学」総括寄付講座 特任准教授
現在　東京理科大学理工学部経営工学科 准教授
（2021年）　東京大学 総括プロジェクト機構「Quality と Health を基盤におくサービスエクセレンス社会システム工学」総括寄付講座 特任准教授
ISO/TC 69 エキスパート
ISO/TC 69/SC 6 国内審議委員会 委員
ISO/TC 312/WG 1，WG 2 エキスパート
ISO/TC 312 国内審議委員会 委員
日本規格協会 基本分野産業標準作成委員会 委員
日本品質管理学会 理事，学会誌編集委員会 委員長

サービスエクセレンス規格の解説と実践ポイント
—ISO 23592(JIS Y 23592):2021／ISO/TS 24082(JIS Y 24082):2021

2022 年 1 月 31 日　第 1 版第 1 刷発行

監　修　ISO/TC 312 サービスエクセレンス国内審議委員会
著　者　水流　聡子・原　辰徳・安井　清一
発行者　朝日　弘
発行所　一般財団法人 日本規格協会
　　〒 108–0073　東京都港区三田 3 丁目 13–12 三田 MT ビル
　　https://www.jsa.or.jp/
　　振替　00160–2–195146
製　作　日本規格協会ソリューションズ株式会社
印刷所　日本ハイコム株式会社
製作協力　有限会社カイ編集舎

ISBN978–4–542–30709–4